LES

GÉNIES DE LA SCIENCE

ET DE L'INDUSTRIE

PAR

BENJAMIN GASTINEAU

———

PARIS

LIBRAIRIE PAGNERRE

18, RUE DE SEINE, 18.

LES

GÉNIES DE LA SCIENCE ET DE L'INDUSTRIE

PARIS. — TYPOGRAPHIE DE CH. MEYRUEIS.

RUE CUJAS, 13. — 1870.

THÉORIE DU PROGRÈS

L'humanité modifie chaque jour ses idées et ses procédés; elle refait et reforge ses outils. Abandonnant le rêve métaphysique et les chimères de l'imagination qui ont été le mirage de ses cinq ou six mille premières années, elle a enfin songé à reconnaître sa demeure et à se connaître elle-même, car, suivant la belle parole de Pascal, « la suite des hommes pendant le cours de tant de siècles doit être considérée comme un même homme qui subsiste toujours et qui apprend continuellement. »

Grâces soient rendues aux savants, à tous les hommes dont les méthodes supérieures, les découvertes, les applications pratiqués ont fait l'éducation du genre humain, lui ont ouvert la voie du salut, l'ont arraché aux rêves décevants, aux explications mythiques, aux croyances fabuleuses et à la vie misérable pour lui donner des forces réelles, des *outils* et un but certain.

Gloire à Copernic, à Galilée, à Képler, qui ont fait tourner la terre ; à Newton, à Laplace, à Herschell, qui ont ouvert le ciel à l'œil humain ; à Montgolfier et à Pilatre de Rozier, qui ont pris possession de l'air ; à Franklin et à Davy, qui nous ont garantis de la foudre et du grisou ; à Salomon de Caus, Papin et Watt, qui nous ont dotés des ailes de la vapeur et des nageoires du poisson ; à Gutenberg qui a fixé la pensée et décuplé les moyens de civilisation ; à Christophe Colomb qui a agrandi le monde ; à Flavio Gioia et à Marco Polo, qui ont trouvé la boussole et rendu la navigation sûre ; à Galvani, qui a découvert l'électricité ; à Wheatstone et à Morse qui, par le télégraphe électrique, ont fait voyager la parole humaine avec la rapidité de l'éclair ; bref à tous les génies de la science, des arts et de l'industrie, qui ont affranchi notre espèce de ses ignorances et de ses faiblesses en lui révélant sa force, en affranchissant ses facultés, en lui donnant la lumière, la puissance et le bien-être ! Voilà notre vraie noblesse, les ancêtres dont nous devons étudier les titres, peindre les héroïsmes et noter les découvertes.

Sans eux, nous ne connaîtrions pas la natur nous vivrions et végéterions comme des brutes. Sans Bacon, Descartes, Spinosa et Condillac, nous ne saurions pas raisonner; — sans Roger Bacon et Zacharias Jansen, les inventeurs du télescope et du microscope, nous n'aurions pu voir ni les grandes ni les petites choses, ni les astres ni les infiniment petits; — sans Pacificus de Vérone et Pierre Hele, nous en serions encore réduits au sablier et ne saurions pas exactement l'heure; — sans Torricelli et Drebbel, nous n'aurions pas les prévisions barométriques du temps, ni celles des variations de la température; — sans Guy d'Arezzo, l'harmonie ne régnerait pas parmi nous; — sans Parmentier, nous ne mangerions pas de pommes de terre; — sans le docteur Jenner, nous serions marqués de la petite vérole; — sans Jacquart et Philippe de Girard, nous serions fort mal et chèrement vêtus; enfin, sans Guillotin, roués ou pendus, nous ne connaîtrions pas les douceurs de la guillotine !

Nous devons à Olivier de Serres et à Mathieu de Dombasle les progrès de notre agriculture;

à Jussieu, Linné et Tournefort la classification de la botanique ; à Buffon et Humboldt les splendeurs de l'histoire naturelle et la science du *Cosmos* ; à Copernic, Galilée, Képler, Fontenelle, Laplace, Herschell, le système du monde ; à Viète l'application de l'algèbre à la géométrie ; à Priestley, Scheele, Lavoisier, la fondation de la chimie ; — les progrès de la géologie à Cuvier et Daubenton, ceux de la physiologie à Geoffroy Saint-Hilaire ; les progrès des sciences mathématiques à Euclide, Archimède, Newton, Leibnitz, Pascal, Lagrange ; — l'art de travailler les métaux à Tubalcain ; la vigne à Noé ; l'art médical à Esculape, Hippocrate, Galien, Vésale, Ambroise Paré, Harvey ; la charrue à Triptolème ; la peinture à l'huile à Jean Van-Eyck ; la pile voltaïque à Volta ; la chambre obscure à Porta ; la photographie à Talbot, Niepce et Daguerre ; la galvanoplastie à Jacobi ; les lunettes à Spina de Pise ; le quinquet à Quinquet ; le soufflet à Schellan ; les manomètres à Mariotte ; la brouette à Pascal ; l'invention des logarithmes au baron Neper ; la théorie des satellites de Jupiter à Cassini ; la géométrie descriptive à Monge ; la statique des corps à Berthollet ; les cloches à Paulin de Campanie ; le

moulage en plâtre à André Verocchio; la gravure en creux et au burin à Bel-Curnio et à
Finiguerra; — à Roger Bacon et à Barthold
Schwartz (que le diable les emporte!) la poudre
à canon; la charrue perfectionnée à Dombasle,
Rose et Grangé; l'abaque ou table de multi-
plication à Pythagore; la peinture émaillée à
Bernard Palissy; les procédés d'étamage à
M. Sorel; la vis sans fin à Archimède; la litho-
graphie à Senefelder; la pompe à Perronet;
l'alcool à Arnaud de Villeneuve; le sucre de
betterave à Margraff; le tabac à Nicot; le
caoutchouc à Fresnau et à La Condamine; la
pisciculture au comte de Girolstein; l'enseigne-
ment par les gestes à Pierre de Ponce et à l'abbé de l'Epée; la filature mécanique à Samuel
Crompton; le gaz d'éclairage à l'ingénieur Le-
bon; la machine à fabriquer le papier sans fin
à Louis Robert; la cloche à plonger à l'Américain Philipps; le tunnel à l'ingénieur français
Brunel; les phares au physicien Fresnel; l'alu-
minium à M. Deville; le chloroforme à M. Sou-
beiran; la machine à coudre à Thimmonier; la
lampe économique à Cellier et Deschamps; le
balancier pour marquer la monnaie à Nicolas Briot; les automates à Vaucanson; les voi-

tures à Philippe Chiese; la machine pneumatique à Otto de Guericke; le perfectionnement du tannage à Rauquin; le chronomètre à Graham; la pompe à feu à Fischer; le bélier hydraulique à Montgolfier; le blanchiment des toiles à Berthollet; l'alambic à Edouard Addour; l'alcoomètre à Gay-Lussac; les ponts en fil de fer à M. Lee; la batiste à Baptiste Chambrai; les miroirs étamés à Beckmann; les éphémérides à Monteregio; à Jacquart le métier à tisser; à Philippe de Girard les machines à filer et à peigner le lin, à démêler, à rubaner et à filer les étoupes; le dynanomètre, le chronothermomètre, le météorographe, les machines soufflantes de la force de cent chevaux et celles à tourner les corps sphériques; les machines à moissonner et à faucher à MM. Peltier, Mazier et Legendre; les machines à faner à M. Smith; les machines à battre à MM. Pinet, Girard et Cuming. Nous nous arrêtons, car la liste des bienfaiteurs de l'humanité serait interminable.

On le voit, tout ce que nous possédons, tout ce qui fait notre grandeur et notre félicité, les méthodes d'après lesquelles s'exerce notre entendement et se dirige à coup sûr notre esprit, les arts qui nous charment, le vêtement qui nous couvre, le pain qui nous nourrit, nous le devons à quelque génie de la science, de l'art ou de l'industrie. Par le travail manuel ou par l'effort de la pensée, tout a été acquis dans cet héritage que les générations précédentes nous ont transmis et que nous devons transmettre à notre tour augmenté de richesses à nos descendants, car les phénomènes intérieurs de l'homme et les phénomènes extérieurs de la nature sont loin d'être connus, contrôlés, expliqués. Parti de l'ignorance et de l'erreur, de l'illuminisme et de l'imaginatif, de la théologie et de la théogonie, voguant au hasard sans boussole sur l'océan des choses, l'esprit humain a fait du chemin, mais il n'en est encore qu'aux premières étapes de la route. Cependant il a marché vite depuis le commencement du dixseptième siècle, époque à laquelle Bacon l'a doté de la méthode du *Novum organum* et du *Traité de la dignité et de l'accroissement des sciences.*

Avec ce fil d'Ariane, l'homme a refait sa toile d'araignée, sa cellule d'abeille, corrigé son plan primitif. Il a abandonné les dissertations interminables, subtiles et négatives sur l'ontologie, la nature de l'infini, la destinée de l'âme par delà la mort, les contemplations hallucinantes et stériles des mondes mystiques qu'il avait imaginés. Armé de la méthode expérimentale, dont le principal caractère est fixé par l'observation, l'expérimentation et l'induction; laissant de côté les problèmes insolubles, les êtres de raison, les spéculations creuses, les propositions générales admises sans contrôle, il s'est tourné vers les problèmes solubles et les applications pratiques, il s'est penché sur les mondes réels, sur lui-même et sur la nature, pour en étudier les forces, les propriétés, le mécanisme et les lois; pour en constater les analogies et reconnaître le principe d'unité de la vie universelle répandue sur le globe, la connexité, les dépendances, les rapports des forces agissantes de la nature, tant physiques qu'intellectuelles et morales, l'unité de composition de la matière, en un mot, les relations et les liens qui rattachent étroitement le monde des idées et des émotions au monde des sens. Vaste et harmonieux organisme, nous apparaissant comme une *force en acte*, a dit Duns Scot, *qui a conscience d'elle-même*. C'est à cette magnifique conclusion que l'homme a été amené par la méthode baconienne apportant à l'intelligence la lumière de l'analyse, les ressources de l'induction, et se résumant par ces trois mots éloquents : *savoir, c'est pouvoir!*

N'est-il pas merveilleux de constater qu'un seul livre, le *Novum Organum*, qu'un Nouvel Organon ait suffi à détourner l'humanité du chemin où elle s'égarait, à la guérir de ses illusions, à la remettre sur la vraie voie, bref à lui faire nettoyer le miroir terne où se reflétaient en images difformes, suivant l'expression de Bacon, les erreurs natives, *innata*, et les erreurs acquises, *adscititia*. Cependant il est juste de reconnaître que ce changement de front du genre humain n'est pas dû seulement à Bacon. Il n'aurait pas trouvé sa méthode, si les travaux de ses prédécesseurs ne l'avaient pas éclairé sur la vraie direction à donner aux recherches scientifiques et philosophiques. Avant lui, ne l'oublions pas, avaient brillé des esprits hardis et observateurs, tels que Roger Bacon, Cornélius Agrippa, Paracelse, Ramus, Bruno, Telesio.

L'homonymie n'est pas la seule analogie à établir entre Roger Bacon et François Bacon, entre le moine du treizième siècle et le savant du commencement du dix-septième. L'*Opus majus* contient en grande partie les notions, les aperçus, les hautes considérations du *Novum Organum* et de l'*Instauratio magna*. Comme François, et trois cents ans avant lui, Roger proclame que l'expérience est la meilleure méthode applicable aux sciences, le procédé qui doit l'emporter sur le raisonnement pur ; comme le chancelier, le moine donne à la raison la suprématie et le pas sur l'autorité, la coutume, les préjugés dont il repousse le joug ; malheureusement, Roger Bacon mariait par une contradiction flagrante l'amour de la vérité au sophisme, faisant en même temps l'apologie des sciences naturelles et des sciences occultes, des mathématiques, de la physique, de l'alchimie et de l'astrologie. Ce fut aussi le défaut et la faiblesse de Paracelse et de Cornélius Agrippa qui, tout en rattachant la science à la nature, à la connaissance de ses secrets, tout en s'élevant avec énergie contre les frivoles disputes de mots de la scolastique, et en préparant l'avénement de la méthode expérimentale triomphante avec Bacon, ne laissaient pas cependant que de se laisser entraîner au courant des erreurs du temps, d'ajouter foi aux puissances merveilleuses de l'alchimie, de l'astrologie, la magie naturelle, céleste et religieuse, aux secrets de la kabbale et de la philosophie hermétique.

La supériorité incontestable et incontestée de Bacon sur ses devanciers, sur Roger Bacon, Agrippa, Paracelse, alchimistes et savants, sur Ramus, Telesio, Giordano Bruno, philosophes et chrétiens cherchant à concilier la foi et la raison, la révélation et les méthodes d'expérimentation, consista à émettre une doctrine rationnelle, claire, franche, pure de tout alliage d'imagination et de mysticisme. Sans doute, les deux grands siècles nés avant l'auteur du *Nouvel Organon* et de la *Grande Rénovation*, le quinzième par ses recherches chimiques et alchimiques, ses découvertes de l'imprimerie et du Nouveau Monde; le seizième, le siècle de la Renaissance, par son amour de l'expérimentation, son dédain de la scolastique et de l'abstraction, son enthousiasme de l'art et de l'antiquité, tous deux par leurs travaux et leur ardeur scientifique, avaient préparé la méthode baconienne, mais si les matériaux étaient prêts, ils n'étaient pas coordonnés; les soldats trouvés, un général devait organiser cette armée et la conduire à d'autres victoires plus rapides, plus facilement remportées ; ce général d'état-major de la philosophie des sciences, fut Bacon. En effet, de ce grand philosophe anglais date l'ère nouvelle de l'esprit humain. Bacon réconcilia le monde intellectuel avec la nature et réunit ces deux grandes parties divorcées par les théories erronées de la matière et de l'esprit, par la funeste dualité de l'âme et du corps, par toutes les aberrations philosophiques et scolastiques.

Ecartant l'hypothèse et l'abstraction syllogistique, il donna à l'esprit humain le moyen le plus efficace, la méthode la plus sûre pour découvrir la vérité, l'observation éclairée par l'expérimentation et fécondée par l'induction, qui, suivant sa propre comparaison, figure une échelle double par laquelle l'esprit s'élève de la connaissance des faits à la constatation de leurs causes et de leurs lois, des phénomènes à leurs principes déterminants, des faits particuliers aux lois générales de la nature, pour redescendre des causes aux effets, des lois générales et des groupes de faits aux applications particulières. Aussi, à peine ses travaux philosophiques se furent-ils répandus en Europe, que les découvertes se succédèrent rapidement. Ce fut une fièvre de recherches. L'observation d'un fait conduit à la constatation d'une loi. La chute d'un fruit suggère à Newton l'idée de la gravitation universelle; les convulsions d'une grenouille indiquent à Galvani la présence du fluide électrique; Haller voit un monde dans un jaune d'œuf; Haüy découvre les lois de la cristallographie dans les débris d'un morceau de spath; le vol d'une feuille de papier met Montgolfier sur la trace de la découverte du ballon, de même que la vapeur soulevant le couvercle d'une marmite avait révélé à Salomon de Caus la puissance de la vapeur. Telle fut la puissance fécondante de la méthode de l'induction que les plus belles pousses de la science, les Newton, les Franklin, les Priestley, les Lavoisier, les Cuvier, sont greffées sur l'arbre baconien.

En ce monde, tous les genres de succès dépendent de l'excellence de la méthode; les triomphes ont toujours été acquis à la nation qui a su le mieux diriger ses forces intellectuelles et physiques. Si l'antiquité, par exemple, a maintenu et consacré l'esclavage, c'est que, dépourvue de bonnes méthodes philosophiques et scientifiques, elle n'avait pas entrevu les progrès indéfinis des sciences appliquées à la mécanique, à l'industrie, et qu'il fallait qu'une partie du genre humain suât et se sacrifiât, jouât le rôle de machine et de cariatide, pour que l'autre partie pût penser, légiférer et se défendre contre l'ennemi.

La civilisation arabe, si brillante et si hâtive, s'est fanée, a passé comme une fleur éphémère, parce que les travaux de sa science et l'ensemble de ses doctrines philosophiques et religieuses ne s'appuyaient pas sur une méthode solide ; le moyen âge a sombré, au milieu de la nuit, malgré les efforts désespérés de sa scolastique ; au contraire, la Révolution française, d'où est sortie tout armée l'ère moderne, avait derrière elle les procédés analytiques, les méthodes positives des Condillac et des Locke, les travaux cyclopéens de Bayle et de Leibnitz, les vues d'ensemble de l'*Encyclopédie* rédigée par d'Alembert, qui reprit et rajeunit les procédés philosophiques de Bacon ; par Diderot, Rousseau, Dumarsais, Buffon, Daubenton, La Condamine, d'Holbach, le chevalier de Jaucourt, Marmontel, Turgot, Voltaire, Montesquieu, le président de Brosses, l'abbé Morellet, Necker, Turgot, Quesnay, Danville, le comte de Tressan. La base de la Révolution était inébranlable ; aussi aucune tempête, aucune réaction n'a-t-elle pu la déraciner de l'âme des peuples dont elle est devenue la méthode et l'étoile polaire.

Les sciences philosophiques et naturelles, après avoir lutté victorieusement contre une série de préjugés se renouvelant comme les têtes de l'hydre, ont créé un nouveau monde; elles ont rayé l'esclavage des institutions sociales, consacré la liberté et rendu le bonheur possible à l'homme, qui, affranchi définitivement d'un misérable joug, a laissé et laissera de plus en plus la besogne douloureuse à la machine pour s'élancer dans les hautes sphères de la pensée, assurer son indépendance des hommes et des choses, accroître son bien-être par les inventions brillantes, par les découvertes ingénieuses dans tous les ordres de faits.

La science et l'industrie, dans leur expression la plus élevée et la plus vraie, sont donc synonymes de délivrance; elles peuvent, sans trop d'orgueil, se proclamer les libératrices du genre humain. Et en remontant à la source de tant de progrès, à la cause philosophique de tant de découvertes, de tant de merveilles industrielles, on peut dire avec Diderot : « Tout se réduit à revenir des sens à la réflexion, et de la réflexion aux sens. Rentrer en soi et en sortir sans cesse, c'est le travail de l'abeille. »

La philosophie qui se dégage de la multitude de ces inventions, de ces perfectionnements, des produits multiples et divers des peuples, est consolante. Si chaque nation en exploitant son sol et ses idées, en développant son industrie, en créant pour l'usage et le bien-être de tous de nouveaux engins, de nouveaux instruments de travail, de nouvelles formes, représente une note partielle du grand concert, une partie de l'ensemble, un fait du groupe, un type dans la totalité des organismes, une fraction de l'unité, un effort de l'œuvre totale, une fonction de l'être humain, les prémisses logiques de ce principe posé et admis, c'est qu'aucune nation n'a intérêt à troubler l'autre dans l'exercice de ses facultés, ni à arrêter par la guerre qui déchaîne toutes les mauvaises passions son développement intellectuel et matériel, la prospérité de chaque peuple étant liée à la prospérité de tous les autres peuples, l'intérêt direct de chaque nation tenant étroitement à celui de toutes les nations qui sont entre elles comme les termes correspondants de deux rapports, comme les fonctions diverses d'un même animal dont l'une ne peut pas être dérangée sans réagir immédiatement sur les autres et compromettre l'existence de l'animal ; ou encore comme une note fausse dans une phrase musicale qui suffit à détruire toute harmonie. La science est donc essentiellement pacifique, solidaire, fraternelle. Elle rapproche les mains, groupe les forces, unit les cœurs, méthodise les vues générales, synthétise les œuvres individuelles qu'elle rattache aux œuvres nationales, celles-ci à la grande œuvre humanitaire de tous les siècles ; elle unit les îles aux continents, l'Angleterre à l'Allemagne, l'Allemagne à la France, la France à l'Orient, l'Orient à la Russie, la Russie au Nouveau Monde. La science, par ses applications industrielles, représente le vaste atelier dans lequel chaque nation vient forger son morceau de fer, son chef-d'œuvre, suivant l'expression pittoresque des ouvriers compagnons ; elle construit avec tous les matériaux, tous les produits de la main et de la pensée l'édifice où tous les hommes, toutes les nations peuvent se contempler victorieuses, rayonnant dans leur force créatrice du bien-être, de l'utile et du beau.

L'IMPRIMERIE

JEAN GUTENBERG. — ÉTIENNE DOLET

Le monde moral à l'aurore du quinzième siècle, moins bien partagé que le monde physique, n'avait pas encore son soleil ; la civilisation entravée, malgré les efforts du génie, était soumise à des périodes d'obscurité ; après les Grecs et les Romains étaient venus les Barbares ; après l'épanouissement philosophique et littéraire de l'antiquité, la nuit religieuse du moyen âge. Enfin, un gentilhomme allemand alluma au ciel de la pensée cette lumière éternelle qu'on appelle l'*Imprimerie*, et depuis le quinzième siècle, il fait jour dans l'esprit et dans le cœur de l'homme. En vain gnomes, hiboux et chauves-souris essayèrent d'éteindre le flambeau allumé par Gutenberg. Le premier martyr de l'imprimerie, qui devait donner à ses successeurs l'exemple du génie et du courage invincibles, Étienne Dolet, établit, dès 1535, une imprimerie, publia d'excellents ouvrages, comme ses

Commentaires de la langue latine, sa *Traduction des Dialogues de Platon*, et brava les coups de poignard des inquisiteurs qui avaient cru confisquer pour toujours la liberté et la raison de l'homme. Enfin, ne pouvant réussir à le frapper traîtreusement, la faculté de théologie de Paris l'accusa ouvertement d'athéisme. Etienne Dolet, condamné comme *athée relaps*, fut pendu et brûlé sur la place Maubert. Mais son admirable exemple et ses livres nous sont restés, et nous pouvons avec lui glorifier Gutenberg, qui a chassé de notre pauvre terre les ombres et la servitude, sœur des ombres.

Les difficultés que dut surmonter Jean Gutenberg pour assurer le succès de son invention, furent innombrables. En premier lieu, né gentilhomme, il dut lutter contre ce préjugé impie qui faisait de toute préoccupation industrielle, de tout travail une déchéance, presque un déshonneur; en second lieu, la fortune lui faisait défaut, et il lui fallait argent et associés. Rien n'arrêta Gutenberg. Il vint de Mayence à Strasbourg, trouva dans cette ville Jean Fust qui lui fournit des capitaux, et Pierre Schœffer, qui exécuta les travaux de main-d'œuvre d'après ses plans. Avant d'avoir une planche imprimée, il fallut graver des lettres mobiles en bois, puis en plomb; fondre ces lettres dans des matrices en sable, en terre cuite, en plomb ou en étain;

composer une encre siccative qui, au moyen de tampons en cuir, pût être retenue par les caractères, enfin inventer une presse sur laquelle on couchât et on imprimât la planche de caractères.

Tous ces travaux durent être exécutés secrètement en se cachant de l'œil et des coups-de langue, car c'était faire œuvre magique et démoniaque, au quinzième siècle, que d'éclairer l'homme. Malgré ces dangers, l'œuvre de Gutenberg fut menée à bonne fin. En 1446, il laissa à Strasbourg un atelier typographique organisé et revint à Mayence pour en fonder un autre. Les inventeurs n'ont jamais été favorisés par la fortune. Gutenberg, malgré ses triomphants essais, était ruiné : les associés de son œuvre, mécontents des maigres profits qu'elle rapportait, lui cherchèrent des querelles d'Allemand et voulurent s'approprier exclusivement l'invention typographique. C'est l'éternel jeu de l'égoïsme humain. Au milieu de ces tribulations, Gutenberg rencontra sur son chemin une femme qui répara les torts de la fortune en l'aimant et en l'enrichissant. L'électeur de Nassau apprécia son mérite, le nomma son conseiller d'Etat, et prit plaisir à le voir travailler sous ses yeux dans son imprimerie de Nassau.

La vieillesse de Gutenberg fut donc plus heu-

reuse que son âge mûr ; il s'éteignit paisiblement à soixante-neuf ans, satisfait d'avoir été
un Prométhée réussi, d'avoir trouvé le secret
de faire des hommes libres et intelligents par
la transmission typographique de la pensée.
Le seizième siècle, grâce à Gutenberg, eut sa
renaissance philosophique et littéraire ; une lettre
de plomb couverte d'encre et imprimée à des
millions d'exemplaires suffit pour dissiper les
ténèbres accumulées du moyen âge, faire la
lumière en ce monde par un *fiat lux* plus efficace et plus vrai que celui du Jéhovah de la
Bible, car le nouvel homme fait d'intelligence
et de sentiment fut supérieur à l'ancien homme
fait de limon et d'ignorance.

LA CÉRAMIQUE

BERNARD PALISSY

Les anciens avaient porté au plus haut degré
la céramique, l'art de façonner et de peindre
la terre cuite, notamment les Etrusques, dont
les coupes, les amphores, les vases et les urnes
retrouvés dans les fouilles, sont des chefs-d'œuvre de goût et de dextérité. Malheureusement,
à la chute de l'empire romain, les arts, anathé-
matisés par le christianisme primitif, disparu-
rent du globe, l'art du potier comme les autres.
L'homme dut abdiquer sa plus belle faculté,
celle de concevoir le beau et de le manifester
par ses œuvres ; pour devenir chrétien, il fallut
divorcer complétement avec le paganisme mau-
dit qui avait trop embelli la terre et fait aimer
la nature. Heureusement l'ignorance et la bar-
barie n'ont que leurs heures ici-bas. La Renaissance réforma le christianisme primitif; on revint
avec enthousiasme à l'antiquité forte et radieuse,
artiste et lettrée ; les artistes et les savants pro-
fitèrent des anciens travaux pour augmenter

leur originalité propre ou rectifier leurs écarts. Un des premiers ouvriers de cette résurrection humaine fut Bernard Palissy, le célèbre potier et émailleur, qui naquit en 1510 à la Capelle-Byron (Lot-et-Garonne). Il fut d'abord employé dans une tuilerie, puis peintre-verrier. Enfant du peuple, il dut s'instruire lui-même, lire l'histoire naturelle, apprendre le dessin et l'arpentage. Ce fut un sentiment profond de la nature vivante, animant de sa genèse éternelle toutes ses créations, qui inspira Palissy et lui fit trouver ou plutôt retrouver *l'art de terre*, ainsi qu'il appelait modestement ses admirables travaux et ses découvertes.

Pour connaître toutes les variétés de terrains et de productions de cette nature, il parcourt l'Allemagne et la France, gagnant sa vie à dessiner, à peindre des images, à faire de la *pourtraicture*. Mais de quelle joie est imprégnée l'âme de ce voyageur sans sou ni maille, de ce vagabond sans feu ni lieu, quand il descend la *prée qui penche vers la rivière*, quand il se plonge au fond des solitudes, surprenant les mystères de la vie végétative et animale, écoutant, recueilli et absorbé, la symphonie universelle exécutée par les vierges qui gardent leurs troupeaux, les pasteurs qui jouent mélodieusement de leurs flûtes, les *oiselets qui disent leurs chansonnettes* sur les arbrisseaux, les murmures de l'eau courante, les brises qui chantent à travers les forêts, par tous les aspects heureux et toutes les gammes harmonieuses du paysage qui font adorer le *Vivant des vivants!*—« Ah! s'écrie-t-il ravi, les hommes sont bien fous d'ainsi mépriser les lieux champêtres et l'art d'agriculture, les merveilleuses choses que le souverain Maître a commencé à faire à Nature. — Il n'y a trésor pareil aux petites herbes des champs, même les plus méprisées. »

Et ainsi notre voyageur, dilatant son cœur aux douces caresses de la nature, embrasse dans une étreinte délicieuse les bois, les champs, les oiselets, les animaux, les rochers, et devant son esprit émerveillé, émerge la mâtrice des formes, apparaît la grande genèse des créations!

Alors une idée s'empare impérieusement du cerveau de Bernard Palissy. Ces créations, ces manifestations qu'il a surprises dans la beauté de leur attitude, de leurs mouvements, de leur parfum, de leur spontanéité et de leur essence, il les reproduira, il les peindra, il les fera revivre *pour l'utilité et le service de l'homme.* « Je n'ai point, disait-il, d'autre livre que le ciel et la terre, lequel est connu de tous, et est donné à tous de connoistre et lire ce beau livre. »

Est-ce le pinceau, est-ce le ciseau ou la phrase que Palissy emploiera pour matérialiser ses visions et ses contemplations? Non, ce sera

le limon, l'argile, la matière la plus commune
et la plus humble, puis l'émail jaspé dont il re-
trouvera le secret de la fabrication inconnue en
France, guidé dans ses recherches par l'heureuse trouvaille d'un tesson de faïence émaillée
par l'Italien Lucca della Robia, de Faenza, d'où
nous avons tiré notre mot *faïence*. On verra
alors sortir de l'atelier de Bernard Palissy une
création en terre et en émail qui sera plus élo-
quente, plus expressive que celle qui lui a servi
de type. Les formes naturelles se transfigurent,
se poétisent, *s'artistent* pour ainsi dire dans le
cerveau créateur de Palissy. Les ustensiles les
plus ordinaires employés pour les usages de la
vie, des pots, des assiettes, des plats, des tasses
deviennent, sous sa dextre main, des merveilles
de sculpture et de peinture. Ce sont des reptiles
qui se meuvent ou guettent entre des herbes
aquatiques, des singes et des chiens qui jouent,
des insectes qui papillonnent les fleurs, des oiseaux qui planent au-dessus des bois ou bec-
quettent les bourgeons des arbres, des hommes
dans les expressions multiples de leurs passions, de leurs situations; bref, l'œuvre de Bér-
nard Palissy semble avoir fait passer la vie végétative et animale tout entière dans l'émail et
l'animer avec plus d'éclat, plus de relief que la
nature même! Le grand potier a été bien récompensé d'avoir aimé cette nature; comme

une femme hardie et confiante devant la passion qu'elle partage, elle s'est dénudée et dé-
voilée complétement à lui. Elle semblait morte
ou languissante avant Bernard Palissy ; il l'a
ressuscitée, parce qu'il l'a vraiment aimée. Le
sentiment de la vie universelle qui vibra plus
tard chez un Rousseau et un Bernardin de
Saint-Pierre, vient de Palissy. Non content
de faire pénétrer les beautés, les attitudes,
les mouvements, toutes les manifestations des
forces vives de la nature dans l'intérieur du
pauvre et du riche, en les traduisant sur les
ustensiles les plus ordinaires et les plus usuels
du ménage, Palissy ouvrira une nouvelle voie
à la géologie, à l'histoire naturelle, par ses
fouilles, ses expériences de chimie et de physique; par des études incessantes sur la nature
des eaux, de la marne, des sortes d'argiles, des
métaux, des sels et salines, des pierres, des
terres, du feu et des émaux. Les observations
expérimentales, les nouvelles conceptions scientifiques de Bernard Palissy ont été consignées
dans des ouvrages qui prouvent que chez lui,
l'artiste incomparable était enté sur un savant
dont l'esprit de recherche avait pénétré, suivant son expression, jusqu'à la matrice de la
nature, et à l'intuition de ses formes.

Faut-il maintenant conduire nos lecteurs à
travers les chemins sanglants où Bernard Pa-

lissy dut se traîner misérable et pantelant ? Il a
a écrit lui-même ses confessions et a noté les
palpitations de son cœur, les anxiétés de son
esprit, les cris lamentables de sa chair tenaillée
par le besoin. « Nulle nature, disait-il avec mélancolie, ne produit son fruit sans extrême travail ou douleur. Je dis aussi bien les natures
végétatives que les sensibles et raisonnables. »

Palissy a épuisé la triste série des misères
physiques et morales de l'homme. « Pauvreté
empêche les bons esprits de parvenir, » disait-il
mélancoliquement. Ayant épousé une jeune
fille de Saintes, en 1535, il en eut plusieurs
enfants dont il ne pouvait pas payer la nourriture. Au milieu de ses travaux, lorsque après
avoir construit de ses mains un fourneau pour
la cuisson de ses émaux, le manque de bois le
forçait de brûler les *tables et les planchers de sa
maison*, sa femme le traitait de fou, ses voisins
l'injuriaient et le menaçaient. Et le pauvre potier manquait de pain, de chemises, se meur-
trissait les doigts au travail du four, cherchait
et travaillait toujours ! Enfin, après vingt années
de supplices inouïs, après avoir accompli des
travaux qui dépassent ceux d'Hercule, Palissy
trouva son émail jaspé, et put en couvrir ses
poteries. Sa réputation vint aux oreilles des
seigneurs de la Saintonge, qui ouvrirent les
salles de leurs châteaux à ses ouvrages de

terre, à ses rustiques *figulines*; en 1562 il fut, fort à propos pour son salut, nommé inventeur des rustiques figulines du roi ; car s'étant montré l'un des partisans les plus ardents de l'Eglise réformée, il allait être livré au dernier supplice en vertu du terrible édit de 1559 rendu contre les protestants, lorsque le connétable de Montmorency l'arracha à ce péril extrême en obtenant de Catherine de Médicis son titre d'inventeur des figulines du roi. Voici quelques lignes du protestant Palissy qui donnent une idée de la gravité de la persécution religieuse dans sa province :

« Je me retirai secrètement dans ma maison, dit-il, pour ne pas voir les meurtres, les reniements, les pillages qui se faisoient dans les villes et dans les campagnes ; cependant deux mois que j'y restai, il me sembla que l'enfer était défoncé, et que tous les démons étoient sortis pour ravager la terre. De ma maison, je voyois les soldats courant par les rues, l'épée nue au poing, criant : Où sont-ils?... »

C'est ainsi que les protestants étaient traités en ces bons temps catholiques, et au milieu de ces meurtres qui préludaient si agréablement au massacre de la Saint-Barthélemy, Palissy eut alors plus de chance que son confrère Jean Goujon, tué en sculptant une cariatide, et que tant de milliers de réformés. Logé au château des Tuileries dont il avait décoré les jardins, il fut sauvé par cette situation exceptionnelle. Trois années après la Saint-Barthélemy, le célèbre émailleur put même ouvrir un cours public où il exposa ses théories nouvelles sur les eaux, les sources, les pierres, les métaux.

Mais Palissy ne devait pas longtemps échapper à la persécution religieuse, à la férocité catholique de Guise et de son parti ligueur. En 1588, Palissy avait soixante-seize ans; l'un des Seize, Mathieu de Launay, donna l'ordre de l'incarcérer à la Bastille. Henri III vint l'y voir et lui dit d'un ton patelin, que, pressé par Guise, il se verrait contraint de l'abandonner au bûcher s'il ne se convertissait. Ecoutez la réponse du potier à son bon roi Henri:

« Sire, le comte de Maulevrier vint hier de votre part pour promettre la vie à ces deux sœurs (les deux filles de Jacques Foucaud, procureur au Parlement), si elles voulaient vous donner chacune une nuict. Elles ont répondu qu'encore elles seraient martyres de leur honneur comme de celui de Dieu. Vous m'avez dit plusieurs fois que vous aviez pitié de moy; moi aussi j'ay pitié de vous, qui avez prononcé ces mots: J'y suis contrainct. Ce n'est pas parler en roy. Ces filles et moy, qui avons part au royaume des cieux, nous vous apprendrons ce langage royal: Que les guizards, tout votre peuple, ni vous ne sauriez contraindre un potier à fléchir le genou devant des statues, parce que je sais mourir !... »

Comment trouvez-vous la leçon du potier Bernard donnée à ce bon roi Henri III qui demandait une nuit à ses sujettes et une apostasie à ses sujets embastillés ?

Henri III sortit furieux de la Bástille et y laissa mourir le fier Bernard Palissy, estimant à plus haut prix son honneur et sa foi que sa vie.

LA NAVIGATION

—

Au commencement du quinzième siècle, la moitié du globe ne connaissait pas l'autre moitié ; les peuplades et les races humaines vivaient sur la même terre sans lien entre elles, sans relations, à l'état d'inconnues ou d'ennemies, prenant leur territoire pour le bout du monde ! Trois grands hommes bravèrent préjugés et dangers de toute nature pour découvrir l'hémisphère ignoré et compléter le globe morcelé, pour rapprocher les sauvages et les civilisés, pour réunir les Européens aux Chinois, aux Indiens, aux Américains ; ce furent Marco Polo le Vénitien, Christophe Colomb l'Espagnol, Vasco de Gama le Portugais. Le premier navigateur, Marco Polo, né à Venise vers 1256 et mort en 1323, a fait des voyages au long cours qui à son époque ont paru presque merveilleux ou fabuleux, mais qui cependant ont permis au cosmographe Fra Mauro de dessiner sur la carte du monde la Tartarie, la Chine, le Japon, les îles d'Orient et l'extrémité de l'Afrique ; car Polo avait parcouru et reconnu les îles de l'océan Indien, la Chine et tout le vaste empire mongol du célèbre conquérant Gengis - Khan. Les mœurs, les institutions politiques et religieuses de ces peuples furent expliqués par Marco Polo lui-même, dans sa relation dictée en 1298, qui dans la rédaction française porte le titre de *Livre des Merveilles du monde.*

Ce qu'il y avait de plus merveilleux dans ces voyages à travers des contrées inconnues ou mal connues de l'antiquité et de l'Europe du treizième siècle, c'est d'en être revenu sain et sauf. Il est vrai que les frères Polo, dépouillant l'européen, étaient des polyglottes et avaient pris le costume, les mœurs, et même la religion des pays qu'ils traversaient ; ils étaient si bien métamorphosés, si bien déguisés en Tartares que de retour dans leur patrie, leurs parents ne voulaient pas les reconnaître. Il fallut qu'ils leur montrassent des émeraudes, des saphirs, une grande quantité de diamants pour que leurs proches consentissent à leur donner l'accolade de famille. Si les frères Polo fussent revenus pauvres de leur longue navigation, peut-être eussent-ils été méconnus par leurs parents et chassés par leurs concitoyens. Pourtant hâtons-nous de dire que la république de Venise ne fut pas ingrate envers ses courageux enfants qui venaient de découvrir de nouveaux mondes. Le plus âgé des frères Polo, Maffio, eut une importante magistrature, et Marco Polo un commandement dans la flotte vénitienne qui faillit le perdre, car cette flotte ayant livré un combat malheureux à l'escadre génoise, ses deux chefs, Dandolo et Marco Polo furent faits prisonniers. Loin de les maltraiter ou de songer à les faire périr, les Génois, enchantés de pouvoir entendre de leurs oreilles le récit de la navigation du célèbre Vénitien, rendirent bientôt les prisonniers à la liberté, et Marco Polo revint dans sa patrie triomphant, honoré jusqu'à son dernier jour qui se termina paisiblement, comme nous l'avons dit, en l'an 1323.

A n'en pas douter, ce fut la lecture de la relation du voyage de Marco Polo qui enflamma l'imagination de Christophe Colomb et lui inspira la résolution de marcher sur les traces de son illustre devancier; mais Colomb, sujet de la monarchie espagnole, ne fut pas aussi favorisé que le citoyen de la république de Venise. Ce fut à force d'obsessions auprès du roi d'Espagne faisant la sourde oreille et calculant la dépense qu'il put fréter un navire; comme Polo, il enrichit l'Europe par la découverte de nouvelles terres et de nouvelles richesses; mais l'ingratitude et la persécution furent la récompense de l'obligé du roi Ferdinand. Les républiques savent toujours reconnaître les grands dévouements et les mérites de leurs citoyens, mais les monarchies ne peuvent pas admettre qu'un homme soit plus grand que le roi. Et quelle petite figure faisait le triste roi Ferdinand à côté de l'explorateur du Nouveau Monde ! Ce fut la raison secrète des basses jalousies, des calomnies et des persécutions exercées contre Christophe Colomb.

Le célèbre navigateur qui a découvert l'Amérique, a raconté ainsi, dans une lettre datée de 1501, les premières luttes de sa jeunesse :

« Dès mon jeune âge je navigue, et j'ai continué à courir les mers jusqu'à ce jour (il avait alors soixante-cinq ans) ; c'est l'art que doivent suivre ceux qui veulent connaître les secrets de ce monde. La nautique m'occupa beaucoup ; l'astronomie, la géométrie et l'arithmétique ne me furent pas non plus étrangères. J'ai la main assez exercée et assez de savoir pour dessiner le globe terrestre, avec la position des villes, des montagnes, des fleuves, des îles et de tous les ports qui s'y trouvent. Tout jeune encore, j'ai étudié les livres de cosmographie, d'histoire, de philosophie et d'autres sciences ; *c'est ce qui m'a aidé à mon entreprise.* »

Ces quelques détails sur la laborieuse jeunesse de Colomb sont à peu près les seuls qu'on possèdé. La navigation fut pour lui une véritable passion ; il s'y livra tout enfant, et après avoir quitté Gênes pour naviguer sur la Méditerranée et sur la mer du Nord, tantôt donnant la chasse aux pirates, tantôt transportant des marchandises, il vint se marier à trente ans à Lisbonne avec dona Felippa de Palestrello, fille d'un hardi navigateur. Dona Felippa, en entretenant son mari des voyages au long cours accomplis par son père, lui inspira un véritable enthousiasme pour les découvertes géographiques. D'ailleurs, c'était la préoccupation générale des esprits. La merveilleuse relation de Marco Polo était commentée et admirée en Portugal et en Espagne. Colomb, entouré de marins qui ne parlaient que de courses d'audacieux navigateurs à travers l'Océan, supposa, d'après Ptolémée et d'après les géographes arabes, qu'on pouvait faire le tour du globe et qu'à l'extrémité de l'Atlantique se trouvaient des contrées où abondaient l'or, les perles, les métaux précieux. Cette conception de notre globe, quoiqu'elle fût un peu viciée par la théorie de Ptolémée, devait mettre Christophe Colomb sur la voie de ses découvertes. Mais un obstacle redoutable et presque invincible s'élevait devant lui, *l'obstacle religieux*, la Bible qui avait fait de la terre une surface plane et immobile surplombée par les cieux (Dieu avait étendu le ciel sur la terre comme une tente), les prophètes, l'Evangile, les Pères de l'Eglise qui avaient anathématisé la sphéricité de la terre et taxé d'hérésie la croyance aux antipodes, entre autres saint Augustin objectant avec la logique religieuse que ce serait supposer des nations qui ne descendent pas d'Adam, lorsque la Bible a dit que tous les hommes descendent d'un seul et même père. Il ne s'agissait donc rien moins que de détruire la fausse terre, la fausse nature accréditée dans tous les esprits par le livre de Dieu; il fallait faire surgir ces nations inconnues, ces Indiens et ces Américains, *qui ne descendaient pas d'Adam*. C'était en un mot attaquer dans son essence même la doctrine catholique. Colomb, bon chrétien, malgré son hérésie cosmographique, ne se découragea pas devant tant d'impossibilités. Accueilli, hébergé dans un monastère de l'Andalousie par le prieur Juan Perès qui avait la religion de la science, il fut présenté par son protecteur à la cour; il eut le bonheur de plaire à la reine d'Espagne, Isabelle, et de la convaincre. Les religieux, l'archevêque de Tolède en tête, combattirent à outrance l'homme qui venait détruire l'ordre naturel décrété par les livres saints, mais Colomb désarma ses persécuteurs par des actes de foi et de piété; en outre, il séduisit le peuple espagnol en lui parlant de terres nouvelles, qui étaient couvertes d'or et de richesses. Malgré les bonnes dispositions de ses protecteurs et de ses adhérents, Colomb eut beaucoup de peine à décider Ferdinand à faire les frais de l'armement. Il lutta contre la mauvaise volonté du roi d'Espagne et de ses courtisans, pendant quelques années, les plus douloureuses de sa vie. Enfin sa persistance héroïque, l'amitié dévouée de Juan Perès et la protection constante d'Isabelle, lui permirent de larguer les voiles et de mettre le cap vers ces terres mystérieuses dont il était le messie. Il était d'ailleurs si assuré de sa découverte qu'avant d'accepter les subsides du roi il avait osé stipuler pour lui, pauvre aventurier génois, le titre et les priviléges d'amiral, la vice-royauté de toutes les terres qu'il découvrirait, et pour ses descendants la dîme à perpétuité des revenus de ces terres. Monté avec une centaine d'hommes sur trois frêles navires de commerce, Christophe Colomb chercha pendant soixante et dix jours cette Amérique qu'il se représentait comme un appendice de l'Asie, battu par les vents, les flots, et inquiété par les menaces des hommes de son équipage qui se croyaient perdus. C'était la tragédie du génie jouée sur l'immensité de l'Océan et sous les cieux infinis. Enfin, l'équipage sortit de ses angoisses mortelles, le 12 octobre 1492 ! Un matelot du navire la *Pinta* jeta le cri tant désiré de *Terre !* et bientôt l'expédition débarqua. Les matelots ivres de joie se jetèrent aux pieds de Colomb, comme s'il eût été un dieu ou le créateur de la terre qu'ils venaient de toucher du pied; mais les Indiens effrayés s'enfuirent dans leurs forêts; on eût dit qu'ils pressentaient le système d'extermination de leur race, qu'allait inaugurer l'Espagne et que devaient achever les Anglo-Américains. Cependant, en faisant quelques cadeaux aux Indiens, qu'il avait ainsi appelés, parce qu'il croyait que l'île de San Salvador baignée par l'océan Atlantique était une île de l'océan Indien, Colomb parvint à nouer des relations avec eux et à leur arracher quelques renseignements. Les rusés naturels désirant se débarrasser des Européens leur firent entendre qu'il existait des îles beaucoup plus grandes et plus riches que San Salvador. Colomb cingla vers les îles de Bahama et s'arrêta enfin à celle qui était la plus étendue et paraissait la plus riche de l'archipel américain; il lui donna le nom d'*Hispaniola*; c'est aujourd'hui Saint-Domingue.

Le hardi navigateur qui avait révélé le Nouveau Monde à l'Europe revint en Espagne après avoir chargé ses vaisseaux des productions des îles de l'Amérique. A la vue de ces étranges Indiens, de ces oiseaux au brillant plumage, de ces plantes vigoureuses, et surtout de l'or et des pierreries, les Espagnols furent émerveillés; le roi Ferdinand daigna faire asseoir Christophe Colomb à côté de lui, le traiter d'égal à égal et le combler d'honneurs. Mais la royale faveur devait peu durer. Le 25 septembre 1493, Christophe Colomb s'embarqua sur une nouvelle flotte pour compléter ses découvertes. Il arriva heureusement à Hispaniola; mais en débarquant il fut témoin d'un horrible spectacle. Cette île, qu'il avait laissée si heureuse, si prospère, était presque déserte; la plage où il avait abordé était couverte des squelettes des Espagnols qui, après avoir violé les lois de l'hospitalité, après avoir apporté le meurtre et le pillage dans cette île édénique, avaient été enfin châtiés de leurs forfaits et massacrés par les Indiens. Colomb ramena cependant à lui les naturels de San Salvador en les assujettissant à sa direction paternelle, puis il explora les îles de Cuba, de la Jamaïque, s'entendit avec les Indiens et revint accablé de fatigue, presque mourant, à Hispaniola. L'île n'était pas restée longtemps en paix; les Espagnols avides de jouissances et de richesses tuaient ou réduisaient en esclavage les malheureux Indiens. Colomb, malade, n'ayant pu réprimer ces sauvages excès, fut accusé de les avoir tolérés; il dut venir se justifier près de Ferdinand; accueilli assez froidement par ce roi ingrat, devant lequel il se présenta trop humblement en costume de franciscain, il fut cependant autorisé à repartir pour Hispaniola. Mais son autorité fut bravée par les Espagnols qui donnaient des fêtes aux Indiennes, les violaient ou les enlevaient; leur odieuse conduite détermina une révolte générale dans les deux ou trois îles occupées par eux. Colomb, toujours épié par l'envie et calomnié par les courtisans de Ferdinand, fut sommé par le magistrat Bovadilla de se constituer prisonnier et de revenir en Espagne pour y être jugé. Lorsque le grand homme apparut chargé de fers à la cour, l'indignation publique éclata; on n'examina pas même le procès inique qu'on lui avait intenté sur de faux rapports, et Bovadilla fut remplacé par un nouveau gouverneur. Il était temps pour Colomb de prendre du repos et de faire retraite. Mais le tombeau est la seule retraite des hommes de génie. La fièvre des découvertes géographiques le travaillait encore; un Portugais, Vasco de Gama, avait ouvert la route des Indes en doublant le cap de Bonne-Espérance. Colomb ne croyait pas avoir assez fait pour l'humanité. Malgré sa vieillesse et son mauvais état de santé, il organisa une flotte composée de quatre petits vaisseaux et s'embarqua à Cadix le 19 mai 1502. Après les hommes, la mer se révolta contre lui; il fut assailli par la tempête; presque tous ses vaisseaux sombrèrent, et au lieu des riches-

ses, des monceaux d'or que les Espagnols avides
attendaient, ce fut à peine s'il put revenir malade, dénué de tout sur un vaisseau désemparé.
L'ingratitude et l'envie s'acharnèrent sur lui;
il fut réduit à la dernière extrémité. « Si je
veux manger ou dormir, écrivait de Séville
Christophe Colomb à son fils, il faut que je frappe
à la porte d'une hôtellerie, et souvent je n'ai
pas de quoi y payer mon repas et ma nuit. »
Abandonné par un roi sans justice, il languit
en Espagne dans la misère jusqu'à sa mort,
après avoir découvert un nouveau monde qui
par une dernière dérision du sort ne prit pas
son nom, mais celui d'un Florentin, embarqué
avec lui et guidé par les indications de Colomb :
Amerigo Vespucci.

LA NAVIGATION AÉRIENNE

LES FRÈRES MONTGOLFIER. — PILATRE DE ROZIER.

L'homme n'est pas l'animal le mieux doué au point de vue de la locomotion; avant les chemins de fer, il en était réduit à envier les jambes agiles du cheval et du cerf, et aujourd'hui encore il regarde d'un œil d'envie l'aile qui lance l'oiseau dans l'immensité bleue. La locomotive équivaut pour l'homme à la jambe agile du cerf, et le ballon serait pour lui l'aile de l'oiseau s'il pouvait trouver un point d'appui dans cet océan gazeux qui nous entoure, nous fait vivre et respirer, et dans lequel nous devrions nager comme des poissons ou voler comme des aigles; mais le ballon plus léger que l'air est entraîné par des courants, et pour réaliser le problème de la direction de l'aérostat, il faut peut-être trouver un mécanisme plus lourd que l'air, ainsi que l'a dit un hardi navigateur aérien, Nadar. Nous croyons que malgré les intéressantes découvertes des chimistes

sur la nature de l'air, sur l'état météorologique
de l'océan gazeux qui enveloppe la terre, nous
n'en connaissons pas encore toutes les propriétés, et qu'il faut attendre la réalisation de nouveaux progrès de la chimie pour le succès complet de la navigation aérienne, dont le problème
sera sans doute bientôt résolu.. Ceci dit, es-
quissons la vie des courageux aéronautes qui
ont tenté l'impossible et bravé mille morts dans
le noble but de donner à l'homme des ailes
plus fortes que celles d'Icare.

Il existe plusieurs versions sur les causes qui
firent concevoir aux frères Montgolfier la possibilité donnée à l'homme de s'élever dans les
airs ; mais l'explication la plus naturelle consiste à attribuer leur magnifique découverte à
la lecture d'un mémoire du fondateur de la
chimie moderne, Priestley, *Sur les différentes*
espèces d'air, et à leur esprit de recherche qui
les avait amenés à simplifier la fabrication du
papier ordinaire dans leur usine, à améliorer
celle des papiers peints de diverses couleurs, à
inventer le bélier hydraulique et une machine
pneumatique pour raréfier l'air dans les moules
de leur fabrique.

« Nous pouvons maintenant voguer dans
l'air ! » dit un jour plein d'enthousiasme à son
frère Joseph-Michel Jacques-Etienne Montgolfier. Et il lui expliqua comment on pouvait ob-

tenir la force ascensionnelle au moyen d'un ballon rempli d'un fluide plus léger que l'air, c'est-à-dire d'un appareil gonflé de vapeurs telles que la fumée, emmagasinée en quantité suffisante et produisant la dilatation de l'air par le calorique, en vertu de cette loi, que tout corps plongé dans un fluide, perd une partie de son poids égale au poids du fluide qu'il déplace. Les deux frères se mirent immédiatement à l'œuvre pour réaliser cette magnifique découverte. Un parallélipipède de taffetas de 650 pieds cubes, fut construit, et le 5 juin 1783, en présence des députés aux Etats particuliers du Vivarais et de toute la ville d'Annonay, les frères Montgolfier lancèrent leur appareil sphérique, qui s'éleva en dix minutes, à mille toises. Des animaux attachés au parallélipipède étaient revenus à terre sans accident. Mais jusque-là aucun homme n'avait osé s'aventurer sur la nacelle abandonnée à la merci des vents, lorsque Pilatre de Rozier se présenta le premier pour tenter le voyage. L'aérostat qui devait l'emporter, le 19 janvier 1784, fut gonflé du fluide obtenu par la combustion de laine hachée et de bottes de paille, système de gonflement auquel les frères Montgolfier s'étaient arrêtés après avoir essayé toutes les substances aériformes plus légères que l'air atmosphérique : l'eau réduite à l'état de vapeur, le fluide électrique et le gaz hydrogène. Pilatre de Rozier tenta son expérience au château de la Muette, en présence du duc d'Orléans, du dauphin, de Monsieur, de M. de Polignac et de l'illustre Franklin. L'audacieuse tentative réussit pleinement. En dix-sept minutes, le ballon monté par Pilatre de Rozier parcourut mille toises. Le marquis Darlande suivit l'exemple de Pilatre. A son tour, en janvier 1784, Joseph Montgolfier fit une troisième ascension avec six personnes dans un aérostat de 122 pieds de diamètre sur 126 de hauteur, qui eut le succès des deux précédentes ascensions. L'engouement se porta vers les montgolfières; c'était la question à l'ordre du jour; on ne parlait que d'ascensions aérostatiques; on se disputait à prix d'or les places dans les nacelles des ballons. La reconnaissance nationale provoqua une souscription dont le produit fut destiné à offrir une médaille d'or aux frères Montgolfier. Plus tard, Joseph Montgolfier fut décoré de la Légion d'honneur par Napoléon comme ayant contribué aux progrès de l'industrie nationale, puis il fut nommé administrateur du Conservatoire des arts et métiers; en 1807, il fut appelé à l'Institut.

Joseph Montgolfier à qui l'on doit l'invention du bélier hydraulique, trouva aussi une presse hydraulique, un calorimètre pour déterminer la qualité des différentes tourbes du Dauphiné, un ventilateur pour distiller à froid par le contact de l'air en mouvement, et un appareil pour la dessication à froid des légumes et fruits.

Pilatre de Rozier termina sa carrière moins heureusement que les frères Montgolfier. Sa seconde expérience lui fut funeste. Il croyait avoir trouvé la direction de l'aérostat au sein de l'atmosphère en cherchant des courants d'air favorables, et ne s'était proposé rien moins que de traverser la Manche. Cependant ses amis s'étaient élevés contre la témérité d'une telle entreprise. Mais il se décida à jouer sa vie après avoir entendu M. de Calonne lui dire d'une manière ignoble et brutale : « Mon cher, le gouvernement n'a pas dépensé 150,000 francs pour qu'un physicien voyage sur les côtes de Picardie. Il faut utiliser la machine et passer la Manche. » Pilatre de Rozier tenait d'autant plus à satisfaire le ministre qu'il était amoureux d'une Anglaise de grande famille et que la main de cette femme devait lui être accordée après son succès. Cependant Pilatre doutait de l'issue heureuse de son voyage, car il refusa à M. de Calonne la compagnie de Madame de Saint-Hilaire, mais il ne put repousser l'offre de voyage de son ami, le physicien Romain. Enfin, le 15 juin 1785, à sept heures un quart du matin, les deux amis partirent de la plage de Boulogne et planèrent bientôt au-dessus des eaux de la Manche.

Malheureusement un coup de vent ramena les aéronautes sur les côtes de la Picardie. Pilatre manœuvrait pour reprendre la direction de la mer, lorsque l'aérostat prit feu. Pilatre de Rozier eut la tête fracassée et les os brisés dans une épouvantable chute : Romain lui survécut dix minutes. Ils furent ramassés par M. de Maisonfort qui avait suivi à cheval la direction du ballon.

Pilatre de Rozier avait payé de sa vie son dévouement à la science. Le corps municipal de Boulogne et une grande partie de la population accompagnèrent au cimetière de Wimille les restes des deux malheureux aéronautes, et sur le monument qui leur fut élevé on eut le mauvais goût d'inscrire cette épitaphe sottement rimée :

CI-GIT UN JEUNE TÉMÉRAIRE
QUI, DANS UN GÉNÉREUX TRANSPORT,
DE L'OLYMPE ÉTONNÉ FRANCHISSANT LA BARRIÈRE,
Y TROUVA LE PREMIER ET LA GLOIRE ET LA MORT.

LA CHIRURGIE ET LA MÉDECINE

ANDRÉ VÉSALE. — AMBROISE PARÉ. —
HARVEY.

Vésale est à l'anatomie ce que Copernic est à l'astronomie, Galilée à l'astronomie et à la physique, Christophe Colomb à la géographie, Van Eyck à la peinture ; il a découvert l'homme, les lois physiques, les conditions organiques de son être. Dès le seizième siècle, il rendit à la science anatomique sa préséance légitime sur la médecine, la chirurgie et la physiologie, auxquelles elle sert aujourd'hui de base après avoir été proscrite dans l'antiquité, dédaignée au moyen âge ; il a eu la gloire de poser les premières assises de ce magnifique édifice qui a occupé la vie de Fallope, de Morgagni, Ambroise Paré, Pecquet, Harvey, Haller, Scarpa, Daubenton, Bichat, Cuvier, Geoffroy Saint-Hilaire.

André Vésale appartient à la Belgique par son origine, à la France par son éducation professionnelle. Il naquit à Bruxelles en 1514. Son père, pharmacien de l'empereur Maximilien, fit les sacrifices d'argent nécessaires pour lui assurer un avenir digne de ses ancêtres, qui s'étaient presque tous distingués dans l'exercice de la médecine. Dès que Vésale eut terminé ses humanités, il l'envoya de l'Université de Louvain à la Faculté de Montpellier, où le jeune homme se distingua de telle sorte que les maîtres de l'Université de Paris, informés de ses brillantes dispositions, l'engagèrent à venir étudier auprès d'eux.

Vésale vint à Paris. Il y suivit assidûment les cours de Fernel, de Gonthier d'Andernach et en dernier lieu de Sylvius. C'est alors que sa vocation pour l'anatomie se révèle avec un enthousiasme indicible, et qu'il se voue corps et âme à cette science. Il veut avoir le secret de l'organisation de l'homme, et il l'aura. Aucun effort ne lui coûtera pour satisfaire cette noble ambition; rien ne l'arrêtera, ni dangers, ni fatigues, ni dégoûts. Il passe des journées entières au milieu des cadavres en putréfaction, tantôt aux fourches patibulaires de Montfaucon, tantôt au charnier des Innocents. La nuit venue, au risque d'être surpris et massacré, car les préjugés ne pardonnent pas, il s'abat comme un oiseau de proie sur un cadavre et l'emporte chez lui pour le disséquer.

Cependant André Vésale recueillit bientôt le fruit de son dévouement et de ses veilles studieuses. Gonthier d'Andernach, reconnaissant hautement le rare mérite de son élève, lui confia la rédaction de ses livres ; Vésale s'en acquitta à merveille. Déjà les écoles de Paris commençaient à s'émouvoir des progrès rapides du jeune anatomiste qui éclipsait ses illustres maîtres eux-mêmes, lorsque la guerre éclata de nouveau entre François Ier et Charles-Quint.

Sujet des Pays-Bas, Vésale dut s'éloigner de la France. Il se rendit à Louvain, où il professa quelque temps. Mais désireux d'accroître par la pratique des opérations chirurgicales la somme de ses connaissances, Vésale renonça volontairement à sa place, en 1535, pour suivre l'armée de Charles-Quint en qualité de chirurgien. Il se distingua dans ce poste ; sa réputation s'accrut. La république de Venise lui proposa une chaire, qu'il accepta, et dans laquelle il enseigna d'une manière brillante la médecine, et spécialement l'anatomie, pendant quatre années consécutives, d'abord à Pavie, puis à Bologne, enfin à Pise.

Ce fut en Italie que Vésale rédigea sa grande anatomie *De corporis humani fabrica*, dont la première édition, ornée d'admirables planches attribuées au Titien, parut à Bâle en 1543. Ce livre, qui ruinait les errements consacrés depuis onze siècles par la méthode de Galien, exposa son auteur à des récriminations universelles.

Une ligue se forma contre Vésale : le corps des médecins et des chirurgiens excommunia l'audacieux novateur qui avait osé ébranler sur sa base le dieu de l'école. Il fut mis au ban de l'Europe savante par Eustache à Rome, Driander à Morpurg ; en France, par son ancien maître Jacques Dubois (Sylvius). Ce dernier, qui n'avait pas vu sans ombrage ses brillants travaux à Paris, ne garda aucune mesure dans ses attaques ; il l'accusa d'impéritie, d'arrogance et d'impiété ; il s'oublia jusqu'à faire un jeu de mots pitoyable avec le nom de Vésale en l'appelant perfidement *Vesanus* (fou).

Un juste tribut d'éloges vint se mêler à cette tempête d'injures. L'admiration fut aussi vive que la critique. Les élèves accoururent de tous les points de l'Europe et se pressèrent enthousiastes autour de la chaire du professeur de Pavie.

L'état de la science anatomique au seizième siècle explique l'émotion, les sympathies et les colères qui accueillirent l'ouvrage de Vésale. Avant lui, on n'avait aucune donnée certaine sur la structure de l'homme, parce que de tout temps les superstitions avaient entravé l'étude de l'anatomie. Le respect outré de la dépouille mortelle de l'homme fut un obstacle insurmontable au progrès de cette science dans l'antiquité. Ne pouvant scalper le corps humain, les anciens anatomistes disséquaient des animaux; les plus hardis se servaient de quelques os humains trouvés sur les montagnes et au fond des cavernes. Le père de la médecine, Hippocrate, ne parle jamais de l'ouverture de cadavres humains, non plus qu'Aristote, dont l'admirable *Histoire des animaux* contient pourtant des rapprochements, des études comparées entre notre organisation et celle des animaux.

L'anatomie marcha lentement, péniblement, jusqu'au règne des premiers Ptolémées en Egypte. Ces princes éclairés établirent une école de médecine à Alexandrie, et autorisèrent la dissection des cadavres de criminels. Mais il ne paraît pas que les médecins aient beaucoup profité de cette haute protection. Galien mentionne un squelette conservé avec soin à Alexandrie, et vers lequel accouraient les médecins de toutes les nations comme en pèlerinage, ce qui prouve évidemment la difficulté, la rareté des dissections: et Galien lui-même n'a laissé dans ses ouvrages que des descriptions anatomiques prises sur les singes ou d'autres animaux, et non sur l'homme.

A Galien s'arrêta l'anatomie durant une période de onze siècles. Les Arabes, qui pendant la nuit du moyen âge imprimèrent une grande impulsion aux sciences exactes, respectèrent la prohibition de leur prophète qui avait frappé d'impiété quiconque approcherait d'un cadavre. L'Italie eut la gloire de réveiller l'anatomie endormie depuis Galien. Mundinus, médecin de Milan, disséqua publiquement, en 1315, deux cadavres de femmes; puis il rédigea un nouveau traité d'anatomie d'après les idées de Galien. A l'exemple de l'Université de Padoue, les autres universités disséquèrent deux fois par an des restes humains. Sylvius, un des maîtres de Vésale, substitua en France, pour les démonstrations anatomiques, des cadavres humains aux cochons. Mais, par une étrange obstination de l'esprit humain à rester attaché à l'erreur, tous les anatomistes du quatorzième et du quinzième siècle, Mundinus, Carpi, Massa, Sylvius, forcés de s'avouer à eux-mêmes que leurs expériences ne s'accordaient pas avec les descriptions du corps humain données par Galien, accusèrent la nature d'irrégularité, d'étrangeté, plutôt que de condamner leur maître. André Vésale seul eut le courage d'en appeler des anciennes erreurs à l'expérience et à l'évidence des faits. Son livre fut la création véritable, le *fiat lux* de l'anatomie. Il ruina le système de Galien en prouvant que la cloison du cœur est pleine et non percée, en décrivant avec une exactitude parfaite et un rare talent d'exposition les organes de l'homme, et, en les comparant à ceux du singe, il prouva que Galien et son école n'avaient pas bien connu la structure du corps humain. Vésale avait vingt-huit ans lorsqu'il fit cette révolution dans les sciences médicales.

La renommée européenne de Vésale lui valut le poste éminent de premier médecin de Charles-Quint. Il quitta l'Italie, s'arrêta à Bâle pour gratifier l'école de médecine de cette ville d'un squelette préparé de ses mains, et se rendit à Madrid. Cette époque de la vie d'André Vésale est un éclatant triomphe. Charles-Quint le combla d'honneurs et de richesses. En revanche il rendit la santé au puissant empereur au moyen d'un nouveau remède, l'écorce de kina, dont il vanta les vertus dans une lettre publiée en 1546 à Ratisbonne. Charles-Quint fit de son premier médecin son ami, son compagnon de voyage. Vésale usa noblement de son crédit pour encourager et faciliter l'étude de l'anatomie en Espagne. C'est probablement à son instigation que Charles-Quint fit demander aux théologiens de Salamanque s'il était permis à des catholiques d'ouvrir des cadavres humains. Les docteurs espagnols, comprenant que cette demande équivalait à un ordre, répondirent affirmativement.

Forcé de dissiper une partie de son existence dans les fêtes de cette brillante cour d'Espagne où affluaient les trésors du Nouveau Monde, le grand anatomiste ne resta pourtant pas oisif. Il fit la part du devoir aussi grande que celle du plaisir. En 1551, il publia un mémoire en réponse au remarquable ouvrage de l'un de ses anciens élèves, le savant anatomiste Fallope, qui avait critiqué avec déférence et modération certaines idées de Vésale, tout en applaudissant hautement aux importantes vérités contenues dans son beau livre. Vésale répondit sur le même ton d'aménité ; il écarta les questions de personnes et ne s'occupa que des points controversés. Néanmoins les contemporains disent que l'avantage de cette polémique demeura du côté de Fallope.

En Espagne, Vésale se montra digne de l'empressement avec lequel tous les grands le recherchaient. Joignant la pratique à la théorie, il traita heureusement plaies, maladies, et fit avec succès de nombreuses opérations chirurgicales. J.-A. de Thou rapporte une curieuse prédiction de Vésale qui frise la légende, mais qui peut donner une idée de l'étendue de sa réputation.

Voici le fait. Vésale ayant averti Maximilien d'Egmont, comte de Bures dans la Gueldre, du jour et de l'heure de sa mort, ce seigneur ordonna de préparer un splendide festin et de charger les tables de toute sa vaisselle, invita ses amis, s'assit au milieu d'eux, présida le repas, leur distribua libéralement ses trésors, puis, leur ayant dit adieu, sans aucune émotion apparente, se coucha et mourut à l'heure indiquée par le médecin-prophète.

André Vésale s'était fait des ennemis par sa franchise et sa fortune. Ils se continrent sous Charles-Quint, mais à l'avénement de Philippe II, leur haine éclata. Ils accusèrent Vésale d'avoir disséqué vivant un gentilhomme qu'il traitait. Un témoin avait vu ou cru voir le cœur palpiter sous le tranchant du scalpel, fait impossible, puisque les incisions chirurgicales nécessaires pour découvrir le cœur sont de nature à donner la mort. Néanmoins les parents du mort, circonvenus, accusèrent Vésale d'impiété devant l'inquisition, et le poursuivirent comme meurtrier. La vie de Vésale fut en danger. Philippe II ne put sauver son médecin de l'inquisition qu'en le condamnant à faire un pèlerinage à la terre sainte. André Vésale passa en Chypre avec Jacques Malateste, général des Vénitiens, et de là en Palestine.

Sur ces entrefaites le digne Fallope mourut. Le sénat de Venise appela Vésale pour lui donner sa place. Il faisait voile vers Padoue lorsque son navire, assailli par une furieuse tempête, se brisa contre les rochers de l'île de Zante, où le grand anatomiste, torturé par la faim, expira le 15 octobre 1564, à l'âge de cinquante ans. Un orfévre italien aborda, dit-on, quelque temps

après dans cette île, retrouva son corps et l'en-
sevelit.

Ainsi finit d'une manière tragique, au moment
de reprendre la chaire de son ancien élève,
l'illustre anatomiste André Vésale. Il mit toute
sa vie un courage héroïque au service de la
science.

Après Vésale, il faut citer comme le plus célèbre anatomiste-chirurgien, Ambroise Paré,
qui substitua la ligature des artères à l'horrible
et douloureuse cautérisation par le fer rouge
des membres amputés. Ses travaux et ses opérations chirurgicales lui firent donner le titre de
chirurgien du roi, par Charles IX, qui le sauva
du massacre de la Saint-Barthélemy, car il était
huguenot, ainsi que le rapporte Brantôme : « Le
roi incessamment criant : *Tuez! tuez!* et n'en
voulut jamais sauver aucun, sinon maistre Ambroise Paré, son premier chirurgien et le premier de la chrétienté, et l'envoya querir et
venir le soir dans sa chambre et garde-robe,
lui commandant de n'en bouger, et si ne le
pressa point de changer de religion non plus
que sa nourrice. »

Henri III continua à Ambroise Paré les bonnes grâces de Charles IX, en ajoutant à son titre
de premier chirurgien celui de *Valet de chambre
ordinaire du roi*.

Les travaux de Vésale, de Paré, de Fabrice d'Acquapendente, et surtout ceux de la victime du fanatique Calvin, de Servet, qui émit cette idée nouvelle que le sang, sorti du cœur droit par l'*artère pulmonaire*, revient au cœur gauche par la *veine pulmonaire*, conduisirent l'Anglais Harvey à la découverte de la grande loi de la vie : la circulation du sang. Harvey parla le premier de ce phénomène capital du corps humain en 1619, dans ses cours d'anatomie de l'hôpital Barthélemy, à Londres. « Ce que je vais annoncer, disait-il, est si nouveau que je crains d'avoir tous les hommes pour ennemis, tant les préjugés et les doctrines une fois reçus sont enracinés chez tout le monde. »

En effet, presque tous les médecins de son temps le combattirent à outrance. Croyant avec Galien à la distinction des deux sangs : l'*artériel* et le *veineux*, et à je ne sais quelle respiration par le pouls substituée à celle du poumon, ils ne voulurent pas admettre que l'existence est due à la circulation du sang reçue et rejetée par le cœur soumis au mouvement alternatif de la systole et de la diastole ; il fallut qu'Harvey accumulât preuves sur preuves, démonstrations sur démonstrations, se livrât sur des animaux à de nombreuses vivisections, établissant victorieusement qu'en descendant l'échelle animale le cœur se ralentit jusqu'à devenir chez les

zoophytes un imperceptible mouvement de con-
traction et de dilatation.

Notre compatriote Jean Pecquet compléta la
découverte de la circulation du sang, de laquelle date la physiologie moderne, dit M. Flou-
rens, par celle du réservoir du chyle. L'œuvre
anatomique, embryologique et physiologique de
Vésale, de Fallope, d'Harvey, fut complétée par
l'école française du dix-huitième siècle, par
Bichat, Daubenton, Cuvier et Geoffroy Saint-
Hilaire.

LA PHYSIQUE

BENJAMIN FRANKLIN. — GALVANI.

Franklin est la personnification la plus éclatante de l'Amérique peuplant ses déserts, élevant ses villes sur un terrain vierge, tirant tout de son propre fonds, créant ses outils, son industrie, sa philosophie expérimentale, sa science des faits, sa religion de l'utile ; montrant sous ses vastes horizons la grandeur de la lutte de l'homme libre avec la nature qui s'est terminée par une féconde union, par une admirable réconciliation.

Benjamin Franklin, ce pauvre enfant n'ayant ni sou ni maille, ni instruction ni moyen d'en acquérir, devint, par la force de sa volonté et la supériorité de sa nature, un des hommes les plus érudits de l'ancien et du nouveau monde ; il représenta les intérêts politiques et commerciaux de sa patrie, avec tant d'intelligence et de dévouement, qu'à sa mort le congrès américain ordonna un deuil général de deux mois dans tous les États de la confédération, que l'Assemblée constituante de la France décréta, sur la proposition de Mirabeau, un deuil de trois jours, et que dans la Chambre des lords, Chatham dit que Benjamin Franklin faisait honneur, non-seulement à la nation anglaise, mais à la nature humaine.

Le père de Franklin, fuyant les persécutions exercées sous le règne de Charles II contre les presbytériens et les autres dissidents du catholicisme, quitta le comté de Northampton et se rendit en Amérique avec sa femme et ses enfants. Franklin naquit le 17 janvier 1706, à Boston, où son père s'était fait fabricant de chandelles et de savon. L'enfant conçut une telle antipathie contre cette profession qu'il voulait s'engager comme marin; mais son père s'étant opposé à sa résolution, il entra dans une imprimerie en qualité d'apprenti typographe. Le goût de l'étude se révéla chez le jeune Benjamin d'une manière passionnée. Il recherchait les livres qu'il ne pouvait acheter et les dévorait en même temps que ses maigres repas. Loin de favoriser de telles aptitudes, son père prétendait l'assujettir jusqu'à l'âge de vingt et un ans à un travail purement matériel. Le jeune Benjamin secoua ce despotisme paternel, quitta Boston et débarqua à Philadelphie avec deux pains sous son bras et un dollar dans sa poche. Il eut la chance de trouver du travail dans une mauvaise imprimerie mal montée en presses et en caractères, avec lesquels cependant le jeune ouvrier typographe composa des planches dont l'arrangement ingénieux étonna son patron. Franklin sentait les ailes lui pousser ; il vola en Angleterre dans l'intention de perfectionner son art typographique et d'y acheter un matériel d'imprimerie pour s'établir plus tard en Amérique. A Londres, il fut admis à faire partie de la grande imprimerie de Palmer et sentit la vocation littéraire naître en lui tout en mettant debout et en alignant les lettres de plomb dans son composteur.

Aucune profession, — je le dis en connaissance de cause, puisque j'ai été ouvrier typographe pendant onze années de ma vie, — n'est plus propice au développement de l'intelligence et à l'exercice de la pensée que la profession de compositeur d'imprimerie. En composant une copie, on suit la dialectique d'un écrivain, on est initié à ses procédés, on partage ses convictions, son enthousiasme, ou si l'on est d'un avis différent, en lui donnant l'être, le *fiat lux* des morceaux de plomb, on le réfute. C'est ce qui arriva à Franklin. Tout en composant la copie de la *Religion naturelle* de Wollaston, il le réfutait et faisait de la polémique à sa casse. Il eut l'idée d'écrire cette polémique et de la publier. Cet écrit eut du succès et lui valut quelques bonnes relations littéraires à Londres. Aussi ingénieux que Franklin, un compositeur-auteur du dix-huitième siècle, Rétif de la Bretonne, ne se donnait pas la peine de faire de la copie, de transcrire ses pensées ; intelligence et machine tout à la fois, penseur et réalisateur, il se plaçait devant sa casse, composait et imprimait son livre ; à peine sortie de son cerveau, son idée prenait le relief du plomb et apparaissait vivante au lecteur.

Devenu excellent ouvrier, Franklin songea à revoir l'Amérique. Il revint à Philadelphie, y installa une imprimerie et créa un journal : la *Gazette de Philadelphie;* en traitant les questions morales et économiques, il eut l'action la plus féconde et la plus heureuse sur ses concitoyens. Ceux-ci se groupèrent avec empressement autour de lui ; il devint l'inspirateur de toutes les bonnes actions et le centre de tous les progrès ; il fonda par souscription la première bibliothèque commune, la première société académique et le premier hôpital qu'on vit en Amérique ; en outre, il eut l'excellente idée de consigner ses excellentes leçons, ses profitables conseils dans de petits recueils à bon marché qui furent publiés en 1732, sous le nom de *Richard Saunders.*

Le bonhomme Richard entretenait familièrement les Américains de tout ce qui pouvait les intéresser et modifier heureusement leur existence. Après, leur avoir recommandé sa méthode de perfection morale qui comprenait la tempérance, le silence, l'ordre, la résolution, l'économie et beaucoup d'autres vertus ou qualités, il les charmait par des contes amusants, de spirituels apologues ; il s'occupait avec une sollicitude paternelle de leur santé, de leur hygiène, de leurs intérêts publics et privés, descendant jusqu'aux moindres détails de l'existence pour remonter graduellement jusqu'aux devoirs et aux vertus qu'elle commande. C'était un philosophe pratique, un conseiller du foyer qui venait visiter amicalement son voisin pour lui enseigner son bien-être, le guider et diriger ses actions vers la réalisation de son bonheur. Le bonhomme Richard, ou plutôt le bonhomme Franklin était compris et aimé de tout le monde, parce qu'il frappait les esprits par des idées nettes et un langage simple. Ainsi il dira dans son journal et dans ses almanachs :

« Pour peu que vous aimiez la vie, ne gaspillez pas le temps, car c'est *l'étoffe dont la vie est faite.*

« Un laboureur sur ses jambes est plus haut qu'un gentilhomme à genoux.

« L'homme est un animal qui fait des outils.

« Le mariage est l'état naturel de l'homme.

Un garçon n'est pas un être humain complet ;
il ressemble à la moitié dépareillée d'une paire
de ciseaux qui n'a pas encore trouvé son autre
branche, et qui, par conséquent, n'est pas même
à moitié aussi utile que les deux pourraient l'être
ensemble. »

Franklin réalisa son aphorisme et trouva la
moitié dépareillée de sa paire de ciseaux en
miss Read qui, mue par un dépit amoureux contre Franklin à qui elle avait été fiancée depuis
longtemps, s'était mariée et mal mariée, car
elle avait été forcée de divorcer. Franklin, pour
avoir tenu trop tardivement sa promesse de
mariage, n'en fut pas moins heureux avec sa
compagne, qui lui fut dévouée jusqu'à la dernière heure.

Les idées de Franklin étaient tournées vers
les sciences expérimentales ; plusieurs essais
l'avaient déjà mis sur la voie de diverses inventions et améliorations utiles, comme le chauffage au moyen de poêles économiques, comme
le pavage des rues ; mais son génie chercheur
lui fit trouver le paratonnerre, après avoir fait
de nombreuses expériences sur l'électricité à
la demande de la société de lecture de Philadelphie, dont l'attention avait été éveillée par
des physiciens anglais. Ayant élevé un énorme
cerf-volant au milieu d'un orage, Franklin plaça
une clef au bas de la corde de ce cerf-volant, et

il parvint ainsi à tirer des étincelles, à déterminer le phénomène électrique qu'il cherchait et qui servit de base à son invention du paratonnerre. Il pleura de joie en s'écriant comme Archimède : J'ai trouvé !

Toutes ces inventions, tous ces travaux de publiciste n'empêchaient pas Franklin de se consacrer à des charges publiques, car il avait été élu membre de l'Assemblée de Pensylvanie et directeur général des postes. Un événement grave, d'où sortit l'indépendance de l'Amérique, allait l'arracher à ses travaux habituels, à sa cité, et en faire un diplomate dans le sens élevé du mot. Par l'*Acte du timbre*, le Parlement britannique qui le vota, en 1764, s'arrogeait le droit de faire payer à ses colonies des impôts non soumis à leur acceptation. Un *tolle* général s'éleva en Amérique contre cet acte d'arbitraire, et Franklin fut chargé par ses concitoyens de se rendre à Londres et de faire revenir l'Angleterre d'une telle aberration. Le député de Pensylvanie montra dans cette circonstance une intelligence et une fermeté hors ligne; pendant près de dix années, il employa tous les arguments que l'éloquence du droit et l'intérêt commun de la mère-patrie et de sa colonie purent lui suggérer, mais il ne put vaincre l'obstination anglaise. Fort du vote des Assemblées d'Amérique qui, à l'unanimité, avaient refusé de reconnaître au Parlement britannique le droit de les taxer, Franklin prédit à l'Angleterre que dans la lutte qu'elle engageait, elle serait bientôt brisée comme un *beau vase de porcelaine.* En effet, l'Angleterre est hors d'état de soutenir, sans danger de mort, une longue lutte; sa comparaison avec un vase de porcelaine par Franklin est d'une justesse frappante; il aurait pu encore la comparer à un polype dont le centre est grêle et dont toute la force est aux extrémités, dans les longs filaments avec lesquels il saisit sa proie. Supprimez les pattes du polype, enlevez les colonies à l'Angleterre, et elle n'existe plus. Rien d'admirable comme les réponses de Franklin aux questions des membres du Parlement :

« N'est-il aucun moyen d'obliger les Assemblées d'Amérique à annuler leurs résolutions? lui demandait-on. — Aucun que je connaisse, répondit Franklin. Elles ne le feront jamais, à moins d'y être contraintes par la force des armes. — Est-il un pouvoir sur terre qui puisse les forcer à les annuler ? — Aucun pouvoir, si grand qu'il soit, ne peut forcer les hommes à changer leurs opinions. »

Comme aucun objet de fabrication anglaise n'entrait plus dans les ports de l'Amérique depuis l'Acte du timbre, Franklin dit que les Américains, qui jusque-là s'étaient complu à se servir des modes et des objets de manufacture anglaise, mettraient dorénavant leur amour-propre « à porter et à user jusqu'au bout leurs vieux habits, jusqu'à ce qu'ils sachent eux-mêmes s'en faire de neufs. »

Lorsque les hostilités entre l'Angleterre et sa colonie furent ouvertes, Franklin, qui avait déjà visité Paris en 1767 et en 1769, fut chargé de l'importante mission de rechercher l'alliance française. Il s'en acquitta avec une parfaite dextérité et un rare bonheur. Tous les grands personnages de France, y compris le roi Louis XV, lui firent le plus chaud accueil; on le vit tenir salon chez Mesdames du Deffand, de Luxembourg et de Boufflers avec la même aisance que s'il eût été dans les rues de Philadelphie ou de Boston; ses portraits, ses estampes circulaient avec les proverbes et les mots ingénieux qui s'échappaient à chaque instant de sa bouche. Il recevait des félicitations de tous les côtés; Turgot lui adressait ce vers resté dans toutes les mémoires à propos de son invention du paratonnerre :

Eripuit cœlo fulmen, sceptrumque tyrannis.

Au ciel il prit la foudre, et le sceptre aux tyrans.

Enfin Voltaire presque mourant donnait en février 1778 la bénédiction au petit-fils de Franklin en lui touchant le front et en s'écriant dans un élan d'enthousiasme qui semblait exprimer l'idéal de la Nouvelle-Amérique : « Dieu et la liberté ! » *God and liberty !*

Les deux grands hommes s'embrassèrent en pleurant. Ils ne devaient plus se revoir.

Franklin qui joignait la force et la finesse et n'estimait les compliments et l'eau bénite de cour que pour ce qu'ils valent, n'avait pas oublié ses négociations à Passy, où le patriarche républicain recevait les personnes les plus illustres, entre autres de Malesherbes. Il parvint à conclure en 1778 un traité d'alliance à ce point avantageux pour l'Amérique que la France subissait les charges de la guerre, des forces qu'elle donnait aux *Insurgents,* sans stipuler aucune compensation pour ses sacrifices. L'enthousiasme français s'était déclaré pour l'Amérique ; c'était à qui offrirait son or et son épée à cette vaillante colonie qui conquérait son autonomie en déclarant vouloir vivre libre. Franklin a donc à jamais scellé le traité d'alliance entre les parties généreuses de la nation française et l'Amérique, le dix-neuvième siècle a ratifié l'œuvre du dix-huitième, et les démocraties des deux pays sont indissolublement unies autant par leurs services mutuels que par leurs communes aspirations.

Le patriarche de la liberté, comme l'appelait Voltaire, tomba malade de la pierre, après huit années de séjour en France ; il avait soixante-dix-neuf ans. Désirant mourir dans son pays, Franklin s'embarqua au Havre et débarqua heureusement à Philadelphie, accueilli par les ovations de ses compatriotes reconnaissants ; — il s'éteignit à quatre-vingt-quatre ans, avec cette quiétude d'un homme qui considérait la mort comme une seconde naissance, comme une renaissance. On grava sur son tombeau une épitaphe qu'il avait préparée à l'âge de vingt-trois ans, et que voici :

CI-GIT

NOURRITURE POUR LES VERS

LE CORPS DE

BENJAMIN FRANKLIN,

IMPRIMEUR,

COMME LA COUVERTURE D'UN VIEUX LIVRE

DONT LES FEUILLETS SONT DÉCHIRÉS,

DONT LA RELIURE EST USÉE ;

MAIS L'OUVRAGE NE SERA PAS PERDU,

CAR IL REPARAÎTRA, COMME IL LE CROIT,

DANS UNE NOUVELLE ÉDITION

REVUE ET CORRIGÉE

PAR L'AUTEUR.

Benjamin Franklin laissa derrière lui la vie bien remplie d'un honnête homme, d'un citoyen dévoué à son pays, qu'il avait servi comme penseur, économiste, diplomate et savant.

Franklin était l'esprit ingénieux, le générali-sateur qu'il fallait à une colonie ayant tout à créer et à établir, aussi le voit-on s'occuper de tout à la fois : d'agriculture, d'hygiène, d'économie domestique, de morale, de journalisme, de diplomatie internationale. Benjamin Franklin est le Robinson de l'Amérique, l'organisateur des formes dans lesquelles elle s'est pour ainsi dire coulée et manifestée. Il a mis sa nature bien douée, ses facultés puissantes, ses aptitudes universelles, au service de son pays avec un dévouement au-dessus de tout éloge. Il a été le pionnier intelligent de la Nouvelle-Amérique et lui a montré le chemin où elle marche si résolûment aujourd'hui. Peu de taches sont visibles dans son soleil ; il fit lui-même et avoua hautement ses fautes, qu'il appelait spirituellement des *errata*. Parmi ses errata, il aurait dû ranger le conseil qu'il a donné à Volney de brûler son excellent ouvrage : *Les Ruines*. Franklin, moraliste trop sentencieux et trop terre-à-terre, manquant de grandes vues philosophiques, nourrissant le chimérique projet de créer au sein de toutes les nations le *parti de la vertu*, était trop préoccupé de baser la morale sur la religion établie, sur le christianisme, dont il voulait transporter les principes dans l'état politique ; voilà pourquoi il ne voyait que les beautés du christianisme et détournait avec complaisance ses regards de ses imperfections, de ses *ruines,* pour parler comme Volney. Si les hommes sont si méchants avec la religion, que seraient-ils donc sans elle? disait Franklin en se condamnant par cette proposition vicieuse où est implicitement contenu l'aveu de l'impuissance de la religion sur le cœur des hommes, puisqu'ils restent méchants. Les Etats-Unis se sont modelés sur leurs grands hommes; ils ont le fanatisme du christianisme et de la liberté. Le bien côtoie toujours le mal, et l'ombre accompagne la lumière.

GALVANI.

Le célèbre médecin-physicien Aloïsio Galvani, qui eut la gloire d'ouvrir une nouvelle carrière aux sciences exactes par son importante découverte de l'*électricité animale,* naquit à Bologne le 9 septembre 1717.

A vingt ans, il songeait à entrer dans les ordres religieux, mais fort heureusement sa famille et ses amis parvinrent à empêcher la réalisation de ce projet de retraite.

Renonçant au cloître, Galvani embrassa la profession de médecin et se mit à étudier la physiologie et l'anatomie avec l'ardeur qu'il avait montrée pour la théologie. Il se distingua bientôt comme chirurgien et accoucheur. En 1762, il soutint une thèse *Sur les os, leur formation*, qui lui valut sa nomination de professeur d'anatomie à l'Université de Bologne.

Pourvu de cette fonction, honoré parmi ses compatriotes, époux d'une femme qu'il chérissait au delà de toute expression, Lucia Galeazzi, la fille de son ancien professur, Galvani ne dut pas regretter d'avoir renoncé à la vie monastique. Mais son bonheur ne dura pas.

Madame Galvani, atteinte d'une affection de poitrine, tomba gravement malade. Son mari lui consacra ses soins, veilla sur elle avec une touchante sollicitude. Ce fut en dépouillant des grenouilles pour composer un bouillon à sa femme que Galvani eut l'occasion de faire ses premières observations sur l'action de l'électricité. Il rendit compte lui-même de cette curieuse expérience. Nous rapportons textuellement ses paroles :

« Je disséquai une grenouille, je la préparai, me proposant d'en faire tout autre chose, je la plaçai sur une table où se trouvait une machine électrique ; elle n'était séparée du conducteur que par un petit intervalle. Une des personnes qui m'aidaient ayant approché légèrement, par hasard, la pointe d'un scalpel des nerfs cruraux de cette grenouille, aussitôt tous les muscles se contractèrent de telle sorte qu'on aurait dit qu'ils étaient agités par les plus fortes convulsions. Une autre personne qui faisait avec nous des expériences sur l'électricité remarqua que le phénomène avait lieu seulement lorsqu'on tirait une étincelle du conducteur de la machine. Tandis que j'étais occupé d'autre chose et que je réfléchissais en moi-même, cette personne, étonnée de ce fait, vint aussitôt m'avertir. Pour cela, je suis d'un zèle incroyable, et brûlant du désir de répéter l'expérience, je voulus mettre au jour la cause inconnue de ce phénomène. En conséquence je touchai moi-même avec la pointe d'un scalpel l'un et l'autre des nerfs cruraux, tandis qu'un de ceux qui étaient présents tirait une étincelle; le phénomène se présenta de la même manière : je vis de fortes contractions dans les muscles des membres, comme si l'animal avait été pris du tétanos, et cela au moment même où l'on tirait des étincelles. »

Galvani renouvela ses expériences sur des grenouilles vivantes et mortes; il constata que les mouvements musculaires, que les contractions étaient moins fortes chez les animaux vivants, importante découverte dont se servit plus tard Volta pour agrandir et rectifier les théories de Galvani : mais à ce dernier néanmoins appartient la gloire d'avoir ouvert le chemin. Quelques circonstances, il est vrai, avaient déjà fait soupçonner l'existence de cet agent impondérable que Galvani appelle *électricité animale*, et que les savants appelèrent d'un commun accord le *galvanisme*.

Vers 1786, un élève de Cotugno, professeur de médecine à Naples, éprouva une commotion en disséquant une souris qui l'avait mordu à la jambe lorsque son scalpel toucha un des nerfs de l'animal. Suzler parle aussi dans sa *Nouvelle Théorie du Plaisir*, publiée en 1767, de la saveur étrange produite par deux lames de métal différent placées dans la bouche avec certaine précaution. Mais ces données restèrent à l'état de vagues indices. Galvani eut le premier l'heureuse idée d'approfondir les phénomènes révélés d'une manière fortuite par la dissection d'une grenouille, et il donna ainsi un résultat décisif, une notion certaine à la science.

Le médecin fut moins heureux que le physicien. Après avoir longtemps disputé à la mort la femme affectionnée qui faisait le charme de son foyer, il la perdit en 1790. Un autre malheur vint le frapper. La république cisalpine ayant imposé le serment politique à tous ses fonctionnaires, Galvani refusa de le prêter, et perdit ses titres et ses places. Presque réduit à l'indigence, il alla demander l'hospitalité à son frère Jacques, qui le reçut cordialement et l'entoura de prévenances. Mais Galvani avait été frappé au cœur par la mort de sa femme; il ne put surmonter sa douleur. En proie à une mélancolie profonde, il tomba bientôt dans un état de langueur qui inquiéta vivement son frère. Rien ne put le faire sortir de son marasme, ni les soins empressés des médecins ses amis, ni le décret de la république cisalpine qui, honorant le savant et respectant l'homme politique, lui rendit *sans conditions* son professorat.

Galvani ne devait pas remonter dans la chaire d'anatomie qu'il avait illustrée. Il mourut à Bologne le 4 décembre 1798, laissant après lui le souvenir d'une existence honorable et bien remplie.

Outre sa thèse *Sur les os,* que nous avons mentionnée, Galvani publia un *Mémoire sur les reins et les uretères des oiseaux,* puis il exposa son système dans un livre intitulé: *Commentaires sur les forces électriques pour produire les mouvements musculaires.* Ces deux ouvrages furent rédigés en latin.

Les théories de Galvani furent vivement soutenues et controversées par ses contemporains. Volta, le plus illustre de ses adversaires, soutint qu'il n'existait pas d'électricité particulière aux animaux, comme le croyait Galvani, et que le fluide nerveux n'était autre chose que de l'électricité ordinaire à laquelle les organes des animaux servaient de conducteurs. Au moyen de l'électromètre et du condensateur, Volta démontra que le contact de métaux de différente nature produit un dégagement continuel d'électricité, un métal donnant le fluide vitré et l'autre le fluide résineux. L'émule de Galvani construisit un admirable instrument, la *Pile de Volta*, par lequel il obtint des résultats tels qu'il put prouver l'identité du galvanisme et de l'électricité.

Le moyen de produire le galvanisme étant connu, les savants se livrèrent à diverses expérimentations. L'universel M. de Humboldt tenta le premier une expérience sur les poissons, dont on sait l'irritabilité nerveuse. « J'ai vu, dit-il, des poissons auxquels on avait coupé la tête une demi-heure auparavant, frapper la queue galvanisée de manière que leur corps sautait assez haut sur la table où ils étaient posés. » Puis M. de Humboldt essaya de ressusciter des oiseaux atteints d'une mort apparente. Il choisit une linotte qui, étendue sur le dos et les yeux déjà fermés, allait expirer. Aussitôt que la communication galvanique fut établie entre le bec et le rectum, l'oiseau ouvrit les yeux, se leva sur ses pattes en battant des ailes, respira pendant cinq ou six minutes et expira tranquillement. Le courageux savant expérimenta sa personne même. Il se fit appliquer deux vésicatoires sur les muscles deltoïdes, et sur les deux plaies deux armures métalliques. Au moment où les deux métaux furent mis en contact, ses épaules entrèrent en convulsions ; M. de Humboldt éprouva une cuisson, une pulsation douloureuse, et un éclair passa devant ses yeux.

Le docteur Monro était si sensible à l'action galvanique qu'il saignait du nez lorsque, après avoir placé un morceau de zinc dans les fosses nasales, il le mettait en rapport par un fil conducteur avec une lame de cuivre posée sur sa langue. L'hémorragie commençait dès que la lueur paraissait.

Zinotti, de Bologne, galvanisa des insectes. Ayant tué une cigale, il la mit en contact avec les deux extrémités d'une pile : aussitôt le mouvement et le son caractéristiques de l'insecte se manifestèrent.

Giulio, de Turin, soumit au courant d'une pile assez forte des plantes en pleine végétation, et réussit à faire fermer les folioles d'une plante.

Les physiologistes les plus distingués, Bichat en tête, cherchèrent les causes de la vie dans les phénomènes galvaniques ; mais les expériences faites sur des suppliciés et sur de grands animaux ne tranchèrent pas cette question ardue. Aldini conclut d'expériences faites à Londres sur un pendu (le 3 janvier 1803) que le galvanisme exerce une action puissante sur les systèmes musculaire et nerveux, et qu'il offre un moyen puissant pour rappeler à la vie les asphyxiés.

Nous devons aussi mentionner l'expérience du docteur André Ure. Le cadavre d'un assassin fut décroché de la potence une heure après sa suspension et apporté à l'amphithéâtre du docteur, qui pratiqua aussitôt des incisions à l'occiput et au talon, découvrit la moelle épinière, les principaux nerfs et mit en rapport les organes au moyen de conducteurs. Le corps du pendu fut agité convulsivement, la jambe se tendit avec une telle violence qu'elle faillit renverser un des assistants. Le travail d'une respiration complète commença. La poitrine s'élevait et s'abaissait en suivant les mouvements du diaphragme de même que chez l'homme vivant. Toutes les passions se traduisirent sur la face du pendu. A mesure qu'on augmentait la force des décharges électriques, son visage exprimait tour à tour l'effroi, le désespoir, la colère, l'angoisse, accompagnés d'un sourire hideux. Les assistants ne purent tenir devant ce spectacle. Les uns s'enfuirent effrayés, d'autres furent malades et tombèrent en syncope.

Il est hors de notre sujet biographique de parler de l'électricité appliquée à la télégraphie et aux vaisseaux doublés en cuivre ; disons seulement que l'on chercha à se servir de l'électricité pour un grand nombre de maladies, entre autres, pour les paralysies. Il y eut des mécomptes et de bons résultats. M. Magendie a fait usage avec succès de l'électricité sous forme de courants interrompus dans le cas d'affaiblissement de la vue.

L'Ecole de médecine de Paris prit dès le début un vif intérêt à la découverte de Galvani. Une commission choisie parmi ses membres fut chargée de répéter les expériences faites depuis 1790 et de constater tous les effets obtenus. Plus tard, l'Institut de France nomma une commission pour vérifier les phénomènes à la fois si intéressants, si divers et si utiles du galvanisme. Alibert a fait dans la *Société médicale d'émulation* un brillant éloge de Galvani.

LA CHIMIE.

—

LES PRÉCURSEURS DE LA CHIMIE :

PARACELSE, VAN HELMONT, MOITREL D'ÉLÉ-
MENT, JEHAN REY, ROBERT BOYLE.

LES FONDATEURS DE LA CHIMIE :

PRIESTLEY, LAVOISIER, GUYTON DE MORVEAU,
BERTHOLLET, SCHEELE, HUMPHRY DAVY.

Comme toutes les sciences, la chimie qui,
selon Lavoisier *a pour objet de décomposer les
différents corps de la nature,* a traversé une série
d'hypothèses et d'erreurs ; c'est la plus jeune
des sciences ; elle est toute moderne ; à peine
si elle date d'un siècle, puisqu'elle ne com-
mence réellement qu'avec Priestley et Lavoisier,
dans la seconde moitié du dix-huitième siècle.
Les anciens, Galien et Pline, la pressentirent
plutôt qu'ils ne la connurent. Au moyen âge,
elle fut un art merveilleux entre les mains des
chrysopoètes ou faiseurs d'or. Mais les alchimistes, en cherchant la pierre philosophale,
ouvrirent les yeux aux savants sur les transmu-

tations des métaux et sur beaucoup d'autres opérations de chimie ; c'est en cherchant l'or qu'un alchimiste trouva la porcelaine. Au seizième siècle, Paracelse rompit en visière avec les théoriciens, les alchimistes et les faiseurs de systèmes. « Avez-vous des escarboucles à la place des yeux ? dit-il aux théoriciens. Parlez-moi plutôt des chimistes qui manipulent ; ceux-là du moins ne sont pas paresseux comme vous autres ; ils ne sont pas habillés en beau velours, en soie, ni en taffetas ; ils ne portent pas de bagues aux doigts, ni de gants blancs. Ils sont noirs et enfumés comme des forgerons et des charbonniers ; ils parlent peu, sachant bien que c'est à l'œuvre que l'on reconnaît l'ouvrier. » Paroles énergiques et toutes favorables à l'avénement de la méthode expérimentale dans la chimie. Malgré Paracelse, les préjugés continuèrent à barrer le chemin aux manipulateurs. En 1718, un savant obscur et pauvre, *Moitrel d'Elément*, qui avait recueilli les gaz, les avait rendus visibles et manipulables, fut qualifié de fou et d'halluciné par les doctes académiciens du temps. Cependant *Van Helmont* avait reconnu le gaz acide carbonique comme un air distinct. Eyck de Sulzbach constata l'augmentation du poids des métaux pendant la calcination ; à son tour, le Périgourdin Jehan Rey découvrit que la fixation de l'air était la cause de cette augmentation du poids ; puis, Stahl, apportant plus d'erreurs que de vérités, adopta la théorie erronée du phlogistique. Un Irlandais, Robert Boyle, ouvrit la voie véritable à la chimie par d'heureuses expériences qui renversèrent les châteaux fantastiques sortis de l'imagination des alchimistes ; enfin naquit, en 1743, Lavoisier, l'un des fondateurs de la chimie moderne. C'était un esprit laborieux, chercheur, très-étendu, presque universel ; aussi ses travaux sont-ils multiples. Il rédigea de nombreux mémoires sur les couches des montagnes, l'Analyse des gypses des environs de Paris, sur le tonnerre, l'aurore boréale, le passage de l'eau à l'état de glace, et il reçut au concours une médaille d'or de l'Académie des sciences, pour son ouvrage traitant de la meilleure manière d'éclairer les rues d'une grande ville en combinant ensemble la clarté, la facilité du service et l'économie. Ses expériences et ses brillantes publications le mirent en relief ; il était ambitieux, avide de richesses, de pouvoir. Après avoir obtenu, en 1769, une place de fermier général, Turgot lui donna la direction générale des poudres et salpêtres. En 1791, nous le trouvons député suppléant à l'Assemblée nationale et commissaire de la trésorerie ; c'est alors qu'il développa une idée de réforme dans la perception des impôts, en publiant une brochure sous ce titre : *De la richesse territoriale du royaume de France;* en même temps que par d'importantes recherches physiologiques, il jetait la lumière sur la question de la respiration et de la transpiration des animaux.

En entrant dans l'arène politique, Lavoisier, aurait dû avoir la sagesse d'abandonner sa place de fermier général; il ne sut pas se contenir ; l'insatiabilité paraît avoir été le principal défaut de sa nature. Non-seulement il garda des priviléges exorbitants contre lesquels la Révolution devait nécessairement s'élever, mais on ne le trouva jamais parmi les partisans sincères de la liberté ; il porta dans la politique son esprit autoritaire et affirmatif. Victime de son ambition, de son amour des richesses, il fut compris dans la fournée des vingt-huit fermiers généraux qui, le 8 mai 1794, payèrent de leur tête leurs concussions et leurs actes réactionnaires, ainsi exposés dans le rapport du citoyen Dupin, membre de la Convention nationale:

« Convaincus d'être auteurs ou complices d'un complot tendant à favoriser le succès des ennemis de la France, notamment en exerçant toutes espèces d'exactions et de concussions sur le peuple français, en mêlant au tabac de l'eau et des ingrédients nuisibles à la santé des citoyens qui en faisaient usage, en prenant 6 et 10 pour cent, tant pour l'intérêt de leur cautionnement que pour la mise des fonds nécessaires à leur exploitation, tandis que la loi ne leur accordait que quatre, en tenant dans leurs mains des fonds provenant des bénéfices qui devaient être versés dans le trésor public, en pillant le peuple et le trésor national pour enlever à la nation des sommes immenses et nécessaires à la guerre contre les despotes coalisés et les fournir à ces derniers, ont été condamnés à la peine de mort, etc. » (*Moniteur* du 19 floréal, an II).

« Un homme aussi rare, aussi extraordinaire que Lavoisier, a écrit Lalande, aurait dû être respecté par les hommes les moins instruits et les plus méchants; il fallait que le pouvoir fût tombé entre les mains d'une bête féroce. » S'inspirant de ce réquisitoire, les faiseurs de biographies scientifiques n'ont pas manqué de reprocher à la Révolution, sur tous les tons, la mort de Lavoisier ; parmi ces déclamateurs de banalités, nous sommes étonnés de rencontrer M. Ferdinand Hœfer, l'auteur d'un excellent travail sur les fondateurs de la chimie, qui s'exprime ainsi : « Lavoisier consacrait son temps, les revenus de sa charge à produire dans l'ordre intellectuel une révolution aussi grande que celle qui se produisait alors dans l'ordre politique et social ; il fallait montrer que ces deux révolutions étaient sœurs, et que ce serait déshonorer la patrie que de traîner sur l'échafaud l'un de ses plus glorieux enfants. »

Ce n'était pas à la Révolution de laquelle est sorti le plus grand mouvement scientifique de l'histoire, à démontrer que la science et la liberté sont sœurs, c'était à Lavoisier à le comprendre. La République n'a pas frappé le savant, l'homme rare, *rara avis*, selon Lalande, mais bien le fermier général, le concussionnaire et le réactionnaire. Maintenant, M. Hœfer sépare à tort deux ordres identiques : l'ordre politique et social a toujours été synonyme d'ordre intellectuel, il est impossible de les distinguer dans le langage et dans la pensée; car c'est l'intelligence qui les produit.

Combien est préférable à la conduite politique de Lavoisier celle de son émule et collègue Guyton de Morveau, qui sut toujours gré à la Révolution de l'essor prodigieux qu'elle imprima aux sciences, en vertu de cet enchaînement de causes : une révolution politique dans le sens du progrès amène nécessairement une révolution scientifique, littéraire et industrielle dans le même sens.

Membre de la Convention nationale, des comités de défense et de salut public, Guyton de Morveau se dévoua sans arrière-pensée à l'œuvre d'émancipation en mariant le dévouement de l'homme aux travaux du savant. Lorsqu'il fut nommé commissaire à l'armée du Nord, il organisa un corps d'*aérostatiers militaires* et un service de ballons qui lui servirent à éclairer l'armée française sur les marches et contre-marches de l'ennemi au moment de livrer la bataille de Fleurus. Comme membre des co-mités, et plus tard, comme fondateur, profes-seur et directeur de l'Ecole polytechnique, de Morveau ne cessa d'imprimer une féconde im-pulsion aux sciences, aux arts et à l'industrie.

M. Hœfer constate que Guyton de Morveau usa de son crédit pour sauver quelques savants, mais il ajoute que l'histoire garde un terrible silence pour son ami et collaborateur Lavoisier. Ceci prouve simplement que Lavoisier ne pou-vait être sauvé. Mais laissons un peu de côté les hommes politiques pour nous occuper exclusi-vement des savants, des importantes découver-tes dues à Lavoisier et à Guyton de Morveau.

Trois problèmes connexes, suivant M. Hœfer, avaient particulièrement fixé l'attention de La-voisier : *la nature de l'air, l'augmentation du poids des métaux par la calcination, et l'insuffi-sance de la théorie du phlogistique.*

Lavoisier, promoteur de la chimie pneumati-que, déclare que *l'air n'est point un corps sim-ple*, puisqu'il se compose d'une portion salubre et d'une espèce de mofette, et que presque tous les corps de la nature peuvent exister dans trois états différents, l'*état solide*, l'*état liquide*, l'*état gazeux* ou de fluide aériforme. Lavoisier découvrit trois gaz : l'azote, l'oxygène presque en même temps, nous apprend-il lui-même, que Priestley en Angleterre et Scheele en Suède, et l'hydrogène avec Guyton de Morveau.

Lavoisier démontra que l'acte de la respiration occasionnant une double combustion de carbone et d'une partie de l'hydrogène contenue dans le sang entraîne une formation d'eau et d'acide carbonique. Il expliquait la *gravitation universelle* par la force qui dilate ou condense les corps, retient et lie entre elles les molécules élémentaires des corps obéissant ainsi à deux forces antagoniques : au calorique qui tend à leur séparation et à l'attraction qui les fait adhérer.

Dans un mémoire sur le *principe de la chaleur et les moyens d'en mesurer les effets*, résultats de nombreuses expériences faites en commun avec Lavoisier, celui-ci admet le *calorique fluide* adhérent aux corps, les pénétrant pour en écarter les molécules, ou se combinant molécule à molécule avec les parties élémentaires et constituantes des corps, ou bien encore restant à l'état libre, c'est-à-dire en dehors de toute combinaison de corps, et le *calorique mouvement*, magnifique conception établissant que tous les atomes, malgré leur apparence insensible et immobile, éprouvent une oscillation permanente. « Ce n'est, dit Lavoisier, que par un mouvement quelconque imprimé à la matière que nous éprouvons des sensations, si bien qu'on pourrait poser comme axiome : *point de mouvement, point de sensation.* »

Guyton de Morveau fut associé aux travaux de Lavoisier ; il créa avec lui la nouvelle nomenclature chimique et découvrit les propriétés caractéristiques de l'hydrogène. En outre, Guyton ayant reconnu la vertu désinfectante de la muriatique oxygène (chlore) s'en servit pour assainir les prisons de Dijon. L'*Encyclopédie méthodique*, le *Journal des savants*, le *Journal de l'Ecole polytechnique*, les *Annales de la chimie* contiennent du savant chimiste un grand nombre d'articles. Dans les *Eléments de chimie théorique et pratique*, rédigés d'après les découvertes modernes, il enseigne l'unité de la matière homogène qui constitue tous les différents corps.

Un autre collaborateur de Lavoisier, Berthollet, découvrit l'alcali volatil (ammoniaque), l'acide prussique, le fulminate d'argent, l'acide muriatique suroxygéné, assigna au gaz hydrogène sulfuré ses propriétés d'acide hydro-sulfurique, fonda l'*alcalimétrie*, et appliqua le chlore au blanchiment des toiles ; le procédé Berthollet fut mis en usage dans toutes les manufacture

de l'Europe ; un certain nombre de commer-
çants, enrichis par sa découverte, voulurent le
remercier par des offres importantes, mais l'in-
tègre Berthollet accepta seulement des manu-
facturiers reconnaissants un simple ballot de
toile. Après avoir étudié les phénomènes d'affinité chimique, il construisit les premières tables
des affinités chimiques ou des attractions élec-
tives. Berthollet fut un des savants attachés à
l'expédition d'Egypte ; il organisa l'Institut du
Caire. Membre de l'Académie des sciences en
1780, il fut successivement directeur des Go-
belins, professeur de chimie à l'Ecole normale.
Sa vie politique fut assez instable ; ancien ami de
Napoléon, il renia son amitié pour une pairie
donnée par la Restauration. Aux Cent jours, Berthollet changea d'avis et fit dire par Monge à
Napoléon, très-froissé et avec raison contre lui,
qu'il se rendrait aux Tuileries, et que si l'empereur ne le gratifiait pas d'un regard bienveil-
lant, il se brûlerait la cervelle à la porte du
château. L'empereur sourit en passant devant
le renégat, et Berthollet put mourir dans son
lit en 1822. On a de lui, *Recherches sur les lois
de l'affinité chimique, Essai de statique chimique,
Eléments de l'art de la teinture,* et divers articles
dans le *Journal de physique* et les *Annales de
chimie.*

JOSEPH PRIESTLEY.

Voici un chimiste qui fut un grand citoyen et ne tomba pas comme Lavoisier et Berthollet dans des faiblesses de conduite politique. Quoique Anglais, Joseph Priestley fut enthousiaste de notre révolution. Il répliqua vertement au pamphlet d'Edmond Burke sur les *suites probables de la Révolution française*; aussi la Convention nationale lui accorda-t-elle le titre et la qualité de citoyen français. Comme tous les caractères indépendants et jetés dans les moules inflexibles de la société, Priestley fut toute sa vie victime de la franchise courageuse de son caractère, de sa passion pour le socinianisme et de ses idées de liberté. Ne se contentant pas des palmes de la science, il entreprit l'œuvre impossible de ramener le christianisme à l'idée philosophique et à la morale humaine dans sa *Défense de l'unitarisme*, de la *Doctrine de la nécessité*, et dans son *Histoire des conceptions du christianisme et des premières opinions concernant Jésus-Christ*. L'épiscopat, tous les ecclésiastiques d'Angleterre se jetèrent furieux sur le réformateur en l'accusant d'incrédulité, d'immoralité, d'athéisme. A la tête de la secte des dissidents qu'il avait fondée et qu'il défen-

dait dignement contre les persécutions des protestants, Priestley résista quelques années à la
meute acharnée des aboyeurs orthodoxes, mais
ceux-ci gagnèrent du terrain et captèrent le
peuple en lui persuadant que Priestley était un
mauvais Anglais, parce qu'il se parait avec os-
tentation de son titre de citoyen français. Les
démocrates et les dissidents de Birmingham
célébrèrent, le 14 juillet 1791, dans un banquet
l'anniversaire de la prise de la Bastille. Priestley
sentant un piége tendu par ses adversaires, n'y
alla pas. Cette prudence ne le sauva pas. Le
peuple, surexcité par le clergé, envahit la salle
du banquet, dispersa les convives et se dirigea
vers la maison de Priestley qui fut brûlée avec
tout ce qu'elle contenait de livres et de manus-
crits précieux. Dégoûté de son pays par ces
scènes de cannibalisme, il s'exila en Amérique
où il s'éteignit paisiblement, après avoir été
l'ami de Jefferson Davis, à qui il avait dédié
son dernier écrit intitulé : *Jésus et Socrate, comparaison des différents systèmes des philosophes
grecs avant le christianisme.*

Priestley fut un philosophe pratique, un
homme doux, ami de la liberté, un talent hors
ligne égaré par les illusions d'une théologie,
d'une métaphysique religieuse qu'il aurait dû
laisser de côté, comme un vieil engin inutile au
monde et nuisible au progrès. Son œuvre scien-

tifique vaut mieux que son œuvre de philosophie chrétienne. La plupart des expériences de Lavoisier eurent pour base, pour point de départ, les travaux de Priestley. « Les expériences dont je vais rendre compte, dit Lavoisier, au début de son Mémoire *Sur les fluides aériformes*, appartiennent presque toutes au docteur Priestley ; je n'ai d'autre mérite que de les avoir répétées avec soin, et surtout de les avoir rangées dans un ordre propre à présenter des conséquences. » En effet, Priestley fut un excellent physicien et le premier des chimistes modernes. Ses découvertes nombreuses ouvrirent des horizons infinis à la science. En se promenant dans les salles d'une brasserie, il remarqua l'effet produit par le fluide gazeux de la bière en fermentation, sur les animaux et sur la lumière d'une bougie, ce qu'il appela *air fixe;* aujourd'hui c'est l'acide carbonique. Son Mémoire lu en 1772 à la société royale, qui obtint la médaille de Copley destinée au meilleur travail de physique, annonçait la découverte du gaz nitreux ; il constata les propriétés des végétaux à rendre les principes vivifiants à l'air vicié par la combustion, la fermentation, la respiration, la putréfaction ; il isola la partie respirable de l'atmosphère consommée par les animaux, restituée par les végétaux, altérée par les combustions, qu'il appela *air déphlogistiqué,* aujourd'hui l'*oxygène*. Il lut à la société royale en 1776 un Mémoire qui contenait les détails de ses expériences personnelles et établissait que la couleur rouge du sang artériel est due à l'action de l'oxygène à travers les poumons. Des expériences répétées sur la nature de l'air l'amenèrent à reconnaître que l'air nitreux est un préservatif de la putréfaction et que l'air dissous dans les eaux est encore plus *riche en molécules respirables que l'air commun de l'atmosphère*. En outre, il recueillit le premier en 1772 l'*esprit de sel* à l'état de gaz pur, les émanations ammoniacales des fosses d'aisance, le gaz acide sulfureux, qu'il appela *air acide vitriolique*, et *l'hydrogène bicarboné*. Il facilita ses recherches en inventant le chalumeau à gaz qui servit à l'étude de la phthisie pulmonaire. Pour avoir quelque idée de ses grands travaux, il faut lire son *Histoire de l'électricité*, l'*Histoire et l'état actuel* des découvertes relatives à la vision, à la lumière et aux couleurs, ses *Expériences* sur les différentes espèces d'air et sur les différentes branches de la philosophie naturelle.

Une erreur entrava Priestley, ce père de la chimie moderne, ce fut la théorie du phlogistique basée sur cette fausse idée que les gaz sont des transformations de l'air. « Lavoisier se trompait, dit M. Hœfer, parce qu'il faisait entrer l'*oxygène* dans toutes les combinaisons acides ou basiques, de la même façon que Priestley faisait partout intervenir le *phlogistique*. Leur commune erreur provenait d'une exagération théorique, mais avec cette différence, c'est que la théorie de Lavoisier avait pour point de départ un corps réel, tandis que la théorie de Priestley reposait sur un être fictif. »

SCHEELE.

Un chimiste suédois, Scheele, qui naquit le 19 décembre 1742 à Stralsund, dans une ville aujourd'hui prussienne, peut être placé à côté de Priestley et de Lavoisier comme l'un des créateurs de la chimie moderne. Il contribua à la découverte de l'oxygène, qu'il appelait *air de feu* et qu'il expliqua dans son *Traité chimique de l'air et du feu*. Son *Mémoire sur la composition de l'air* démontre que l'air est un mélange de deux fluides élastiques: l'air vicié ou corrompu (azote), et l'air pur (oxygène). Habile expérimentateur, analyste supérieur, il découvrit et expliqua l'acide citrique, malique, oxalique, lactique, gallique: l'acide du citron, de la pomme, de l'oseille, du lait et de la noix de galle. On lui doit aussi la découverte du principe doux des huiles, de la terre pesante ou sulfate de baryte, du chlore, du manganèse, du molybdène, de l'hydrogène arsénique. Il prépara l'acide benzoïque au moyen de la chaux et du phosphore avec des os. Analysant le premier l'air atmosphérique, il constata les altérations de l'acide nitrique à la lumière. Si Scheele n'avait pas découvert par une importante expérience que les sels d'argent noircissent à la lumière, l'invention de la photographie serait encore dans les limbes. Il vérifia les travaux de Lavoisier et de Cavendish sur la composition et la production de l'eau par l'inflammation d'un mélange d'oxygène et d'hydrogène. Il démontra que les animaux aquatiques respirent comme les terrestres, qu'après avoir respiré l'oxygène dissous dans l'eau, ils le transforment en acide carbonique.

Cet homme dévoué à la science, méprisant le train du monde, ses bruits et ses honneurs, ne sortit presque jamais du laboratoire où comme apprenti pharmacien il avait débuté. Le roi de Suède voulant récompenser Scheele, dont on lui avait si souvent parlé et qu'il n'avait jamais vu, donna l'ordre à son ministre de le nommer chevalier de ses ordres. Mais l'ignorant ministre adressa le brevet à un gentilhomme du même nom qui garda cet honneur tombé du ciel. Scheele ne réclama jamais sa chevalerie égarée. L'éloge de Scheele a été prononcé à la Société royale de médecine, le 4 avril 1787, par Vicq-d'Azyr.

HUMPHRY DAVY.

Comme Priestley, Lavoisier, Scheele, Guyton de Morveau, Berthollet, le nom de Humphry Davy est lié à un grand nombre de découvertes. en chimie que ses travaux ont préparées.

Ce savant débuta par la poésie. On pouvait plus mal commencer. Il composa divers morceaux qui témoignent d'un cœur ardent et d'une imagination vive. Sa mère, épouse d'un humble cultivateur, restée veuve avec cinq enfants, dut placer son aîné comme élève chez un apothicaire de la petite ville de Penzance, en Cornouailles, où Humphry était né en 1778, mais le jeune homme ne manifesta pas un goût très-vif pour la pharmacie.

Lorsque l'apothicaire Borlase le chargeait de porter quelque médicament aux environs de Penzance, notre apprenti faisait l'école buissonnière, rentrait fort tard au logis, et présentait à son patron mécontent une collection de petits poissons enveloppés dans une feuille de papier sur laquelle il avait crayonné ses inspirations poétiques en pêchant à la ligne. Davy fut, du reste, toute sa vie un ardent pêcheur à la ligne. Il a laissé une preuve de cette innocente passion dans un livre des plus instructifs et des plus amusants, intitulé *Salmonia*, qui contient la théorie complète du pêcheur. L'élève distrait et coureur trouvait toujours le moyen d'apaiser la colère de l'apothicaire Borlase en lui racontant avec une verve entraînante les mille incidents de sa pêche et de sa course à travers-champs. On mangeait en commun la friture, et l'orage était passé.

Cependant Davy ne se corrigeant pas, sa mère fut informée de ses frivoles occupations. Soit que les remontrances maternelles l'eussent impressionné, soit que l'âge eût mûri sa raison, l'apprenti pharmacien changea complétement de conduite. Il renonça à l'école buissonnière, aux courses au clocher, aux ballades rimées, même à la pêche à la ligne ! L'amour du travail et de la science s'empara de lui. Il étudia jour et nuit pour achever son éducation qui avait été seulement ébauchée, et en moins de deux années, grâce à son esprit actif, il acquit des connaissances très-étendues dans la médecine, les mathématiques et l'histoire naturelle.

Toujours peu soucieux d'exercer la médecine, le jeune Davy ne savait encore à quelle profession il se vouerait, lorsque le traité de Lavoisier traduit en anglais, tombé par hasard entre ses mains, vint fixer ses goûts. C'était à la chimie qu'il devait consacrer son existence. Immédiatement, Davy se mit en quête d'instruments, d'appareils, de creusets, créant, construisant lui-même d'une manière ingénieuse ce qu'il ne pouvait se procurer, et, son petit laboratoire monté, il commença par analyser lés propriétés du gaz que contiennent les vésicules des fucus.

Sur ces entrefaites, le fils de l'illustre Watt descendit à l'hôtel de Penzance, tenu par Madame Davy. Humphry entra en relations avec Watt, mais celui-ci n'encouragea pas, ne distingua pas le jeune chimiste comme il le méritait. Ce rôle de protecteur éclairé était réservé à Davis Guilbert.

Frappé de l'intelligence précoce de Davy, de ses brillants débuts, de ses savantes méditations, Guilbert résolut d'ouvrir la carrière à son mérite.

Fort à propos, l'un de ses amis, le docteur Beddoes, avait besoin d'un chimiste pour diriger l'*Institution pneumatique* qu'il venait de fonder à Clifton, bourg situé aux environs de Bristol. Guilbert ne craignit pas de lui proposer Davy. On était en 1798. Humphry avait vingt ans. Mais un engagement par contrat le liait à la boutique de l'apothicaire Borlase ; il s'agissait de s'arranger à l'amiable. Davy craignait de sérieuses difficultés de ce côté ; aussi fut-il ravi lorsque son patron lui rendit la libre disposition de lui-même, en disant qu'il ne demandait pas mieux que d'être débarrassé d'un apothicaire chimiste, versificateur et pêcheur à la ligne !

Guilbert n'avait pas trop présumé des forces du jeune Davy. Dès que son protégé, chargé d'étudier les propriétés chimiques des gaz, fut installé dans l'établissement pneumatique de Clifton, il signala son savoir par l'étude complète du *protoxyde d'azote* ou *gaz hilarant*, dont il a décrit en termes éloquents la composition, les propriétés, l'influence sur l'organisme de l'homme. Bien plus, au mépris de sa vie, Humphry Davy, emporté par l'enthousiasme de la science, constata sur lui-même les propriétés enivrantes du gaz hilarant. Nous rapportons textuellement la description de l'une de ses curieuses expériences :

« Je respirai, dit-il, le gaz pur. Je ressentis immédiatement une sensation s'étendant de la poitrine aux extrémités, j'éprouvai dans tous les membres comme une sorte d'exagération du sens du tact. Les impressions perçues par le sens de la vue étaient plus vives ; j'entendais distinctement tous les bruits de la chambre, et j'avais très-bien conscience de tout ce qui m'environnait. Le plaisir augmentait par degrés ; je perdis tout rapport avec le monde extérieur. Une suite de fraîches et rapides images passaient devant mes yeux ; elles se liaient à des mots inconnus et formaient des perceptions toutes nouvelles pour moi. J'existais dans un monde à part. J'étais en train de faire des théories et des découvertes, quand je fus éveillé de cette extase délirante par le docteur Kinglake, qui m'ôta le sac de la bouche. A la vue des personnes qui m'entouraient, j'éprouvai d'abord un sentiment d'orgueil, mes impressions étaient sublimes, et, pendant quelques minutes, je me promenai dans l'appartement, indifférent à ce qui se disait autour de moi. Enfin, je m'écriai avec la foi la plus vive et de l'accent le plus pénétré : *Rien n'existe que par la pensée ; l'univers n'est composé que d'idées, d'impressions de plaisir et de souffrance !* »

Humphry Davy se livra pendant plusieurs mois à ces expériences dangereuses qui altérèrent sa santé et durent abréger son existence ; mais son sacrifice profita à l'humanité. Grâce à cette courageuse initiative, il put formuler la déclaration suivante, d'où sont nées les méthodes anesthésiques, l'usage de l'éther et du chloroforme, qui suppriment toute douleur dans les opérations chirurgicales : « Le protoxyde d'azote paraissant jouir entre autres propriétés de celle de *détruire la douleur*, on pourrait probablement l'employer avec avantage dans les opérations de chirurgie qui ne s'accompagnent pas d'une grande effusion de sang. »

La découverte d'Humphry Davy fit du bruit

en Angleterre. L'*Institution pneumatique* recruta beaucoup de malades. D'autre part, un grand nombre de personnes, curieuses de vérifier les phénomènes du gaz hilarant, accoururent à Clifton. Des amateurs, entre autres les poëtes Coleridge et Southey, qui ont chanté les vertus du protoxyde d'azote, se soumirent à des épreuves et confirmèrent unanimement les observations de Davy. La mode s'en mêla; ce fut à qui s'enivrerait de gaz hilarant.

Les admirateurs du chimiste de Clifton, désirant l'entendre professer à Londres, tentèrent une démarche auprès du comte de Rumfort, fondateur de l'*Institution, royale*. Davy lui fut présenté, mais l'opulent philanthrope augura mal de la jeunesse et de la timidité du chimiste, il refusa de l'accepter comme professeur de l'Institution royale. Cependant les amis dévoués du chimiste ne se découragèrent pas; ils obtinrent l'autorisation d'un cours particulier suivi par un nombre restreint d'auditeurs.

Les deux premières leçons de Davy, données presque à huis clos, eurent tout autant de retentissement que si les journaux de Londres les eussent annoncées; à la troisième séance on assiégea littéralement les portes de la maison du chimiste.

C'était une vogue inouïe et méritée. La jeunesse du professeur (il avait alors vingt-deux ans), sa méthode savante et simple à la fois, la vivacité et la clarté de son élocution, et jusqu'à sa belle physionomie, tout en lui intéressait, captivait, justifiait l'enthousiasme.

Dès lors la renommée s'empara en jalouse d'Humphry Davy ; il fut de toutes les réunions, de toutes les fêtes, et dut sacrifier la moitié de ses heures aux exigences d'un monde frivole. Cependant notre savant ne se laissa pas distraire longtemps de son but ; il revint plus empressé à ses chères études, que sa mort seule interrompit.

Nommé membre de la Société royale en 1803, Davy fit l'histoire des phénomènes du galvanisme et de l'électro-chimie. Les années suivantes, ses lectures traitèrent de la décomposition des terres et des eaux par le galvanisme. Il prouva que l'eau à l'état pur ne contient que de l'hydrogène et de l'oxygène, avec des matières salines en dissolution. Les expériences de Davy, ses nombreuses décompositions de corps composés dues à l'action de la pile de Volta dont la découverte merveilleuse facilitait les travaux de la chimie permirent à Berzélius de classer les corps simples suivant sa théorie électro-chimique établissant que *l'affinité consiste dans l'énergie des pouvoirs électriques opposés*. C'est ainsi que par ses recherches incessantes Humphry Davy ouvrait à la science chimique un horizon nouveau.

Au mois d'octobre de l'année 1807, il soumit la potasse à l'action d'une pile de très-grande dimension et découvrit ainsi un métal fort curieux, le *potassium*, qui est blanc comme l'argent, se détruit rapidement à l'air et s'enflamme au contact de l'eau. Cette découverte passe avec raison pour la plus importante qu'on ait jamais faite en chimie ; Davy prouva que les *alcalis* et les *terres*, c'est-à-dire la *potasse*, la *soude*, la *baryte*, l'*alumine*, etc., ne sont pas des corps simples comme on l'avait cru jusque-là, mais des combinaisons d'oxygène et de métaux nouveaux qu'il réussit à isoler pour la plupart. Parmi ces métaux le *potassium* et le *sodium* sont devenus très-utiles aux chimistes.

Humphry Davy a écrit plusieurs ouvrages, parmi lesquels nous citerons les *Eléments de chimie agricole*, qui furent traduits en français par M. Bulos en 1829 ; les *Eléments de chimie philosophique*, *Salmonia*, et un grand nombre de mémoires sur les liquides et les fluides élastiques renfermés dans les cristaux ; sur les propriétés et les combinaisons du chlore ; sur les brouillards des rivières ; sur les matières et le feu des volcans ; sur l'emploi, comme agents mécaniques, des gaz comprimés à l'état liquide ; sur l'action de la pile galvanique ; sur le doublage en zinc des vaisseaux ; sur les acides formés sans oxygène, etc., etc.

Les premiers essais photographiques sont dus à Davy, qui, de concert avec Wedgewood, obtint la reproduction de gravures sur papier couvert d'azotate d'argent et tenta de fixer les images de la chambre obscure ; mais les épreuves obtenues noircissant à la lumière et le dessin étant mal venu, les deux savants, découragés, abandonnèrent cette recherche, qui fut reprise et menée à bonne fin par M. Talbot, dont nous parlons à l'article Daguerre.

Dans le cours de ses expériences sur les gaz, Davy reconnut que le gaz hydrogène et ses composés ne s'enflamment pas au contact d'une lumière tamisée, absorbée en partie par une toile métallique d'un tissu serré. Tel fut le principe de l'admirable invention de la *lampe de sûreté* pour les mineurs, que de fréquentes explosions dans les puits houillers décimaient misérablement.

Tant de découvertes utiles, tant de travaux encyclopédiques devaient illustrer et enrichir leur auteur. En 1803, Humphry Davy fut nommé secrétaire de la Société royale de Londres, qu'il présida quinze ans après. En 1807, un prix lui fut décerné par l'Institut impérial de France, témoignage aussi honorable pour Davy que pour notre patrie, car à cette époque, comme on le sait, le France et l'Angleterre se trouvaient divisées par une guerre furieuse, enfin l'illustre chimiste fut élevé à la dignité de baronnet.

Non moins heureux dans sa vie privée que dans sa vie publique, Humphry Davy avait épousé, en 1812, une femme riche et douée d'un esprit élevé. Il ne manquait donc rien à sa fortune. Par malheur, des travaux incessants avaient miné sa constitution peu robuste; il dut suspendre ses recherches scientifiques et demander aux voyages, à d'autres climats, de nouvelles forces physiques. Davy visita tour à tour l'Italie, la France, la Suisse, Genève, où il termina sa carrière au mois de mai 1829, à l'âge de cinquante ans, entre les bras de sa femme et d'un frère dévoué, le docteur John Davy. Tous les citoyens de Genève voulurent assister à ses funérailles.

Madame Davy consacra dignement la mémoire de son mari en fondant à Genève un prix qui dut être décerné tous les deux ans, par l'Académie de cette ville, à l'auteur de l'expérience la plus neuve et la plus féconde.

L'Europe savante fut unanime à déplorer la perte d'Humphry Davy, dont le génie et le caractère étaient universellement appréciés. Cuvier (rapport en date du 23 avril 1826) n'avait pas attendu la mort de l'illustre chimiste pour faire son éloge à l'Académie des sciences.

'Humphry Davy fut un homme universel; savant, poëte, philosophe, enthousiaste des beaux arts, ses ouvrages sont remplis d'éloquents aperçus et de fines observations. Nul ne sut mieux démontrer ses théories et en développer le sens philosophique. Dans les *Consolations en voyage,* ou les Derniers jours d'un philosophe, ouvrage écrit en 1818 devant les ruines de Pompéi et d'Herculanum, auxquels il arracha un manuscrit noirci de Cicéron: *De republica,* et par des procédés chimiques, put en rendre lisibles les feuilles, nous trouvons les hautes pensées qu'on va lire :

« Le développement de l'intelligence consiste dans une succession de changements ou de mouvements dont nous ne retenons que ce qui nous est utile ou nécessaire. Dans notre état actuel, l'intelligence est naturellement limitée et imparfaite ; mais cette imperfection dépend de son mécanisme matériel ; nous devons convenir qu'avec une organisation plus parfaite l'intelligence jouirait d'un pouvoir beaucoup plus étendu. Si l'homme, tel qu'il est actuellement organisé, était immortel, ce serait l'éternité attachée à une machine ; la plus grande partie de ses connaissances ou de ses souvenirs se perdraient successivement, de sorte qu'il serait relativement à ce qui est arrivé il y a mille ans exactement comme l'enfant qui perd le souvenir des événements de la première année de sa vie. »

Rien de plus spirituel que les portraits à la plume de quelques savants qu'il traça lorsqu'il vint à Paris en 1813 ; ce sont d'intéressants croquis. D'abord celui de Guyton de Morveau :

« Guyton de Morveau était très-vieux quand je fis sa connaissance. Bien qu'il eût été un violent républicain, il était directeur de la Monnaie sous Bonaparte et baron de l'empire. Ses manières étaient douces et conciliantes. Une preuve de son caractère, c'est qu'ayant promis son vote à quelqu'un pour la place de correspondant de l'Institut, il tint sa promesse, et c'est cette seule voix qui m'avait manqué pour réunir l'unanimité des suffrages. Ne m'étant jamais mêlé d'intrigues de ce genre, j'aurais toujours ignoré ce détail, s'il ne m'avait pas été raconté par lui-même un jour que je dînais chez lui. »

Au tour du courtisan-chimiste Chaptal :

« Chaptal fut quelque temps ministre de l'intérieur sous le Consulat. Courtisan et chimiste, il était actif, amusant, intrigant. D'un naturel bon, il avait une conversation vive et enjouée. Plus homme du monde qu'aucun autre savant de France, il passe pour l'auteur du décret de Napoléon contre le commerce (le blocus continental). S'il en est ainsi, il aura contribué plus que tout autre, hormis son maître, à la gloire militaire de la Grande-Bretagne. »

Voici Vauquelin et Gay-Lussac :

« Vauquelin était au déclin de sa vie quand je le vis pour la première fois en 1813 ; c'était un homme qui me donna l'idée des chimistes français d'un autre âge. On ne saurait imaginer rien de plus singulier que sa vie et son intérieur. Deux vieilles filles, Mesdemoiselles Fourcroy, sœurs du professeur de ce nom, tenaient sa maison. Je me rappelle qu'en y entrant pour la première fois, je fus introduit dans une sorte de chambre à coucher, qui servait en même temps de salon. L'une de ces demoiselles était au lit et occupée à nettoyer des truffes pour le déjeuner. Vauquelin tenait absolument à me régaler, malgré mes efforts pour décliner son invitation. Rien de plus extraordinaire que la simplicité de sa conversation. Il n'avait pas le moindre sentiment des convenances ; il parlait de choses qui depuis le temps du paradis terrestre n'avaient jamais fait entre hommes l'objet d'une conversation devant des personnes de France. »

« Gay-Lussac avait l'esprit vif, ingénieux et profond ; il unissait une grande activité à une grande facilité de manipulation. Je le placerais volontiers à la tête des chimistes vivants en France. »

N'est-ce pas d'une raillerie puissante et de bon goût ?

LA GÉOMÉTRIE

EUCLIDE ET ARCHIMÈDE.

Ab Jove principium. Nous pouvons ouvrir notre série des précurseurs de l'astronomie par Archimède, qui fut un géomètre, un physicien et un mécanicien plutôt qu'un astronome, car suivant l'expression de M. Taine, au fond l'astronomie est un problème de mécanique.

Euclide et Archimède sont les deux géomètres les plus célèbres de l'antiquité, mais Archimède l'emporte sur Euclide, qui ne fut qu'un savant théoricien, par le nombre et la variété de ses découvertes, de ses applications. Il mesura la surface de la sphère, trouva le problème de la parabole, inventa la doctrine des centres de gravité et la vis admirable qui porte son nom. Il eut en outre la gloire de faire servir son savoir à la défense de sa patrie.

L'antiquité n'offre pas de plus belle page que la défense de Syracuse. Archimède incendia la flotte romaine, — on croit que ce fut à l'aide de miroirs réflecteurs, — et tint longtemps en

échec des forces supérieures par la fécondité
et les ressources toujours nouvelles de son génie scientifique. Mais la ville de Syracuse fut
emportée par surprise, et Archimède qui était
absorbé dans ses calculs, fut tué par un soldat
romain. L'histoire, fertile en anecdotes plus ou
moins authentiques, rapporte qu'Archimède
aurait irrité la brutalité de ce soldat en lui or-
donnant impérieusement *de ne pas déranger ses
cercles*. Une autre anecdote de la même valeur,
veut qu'après avoir résolu, dans un bain, un
problème d'hydrostatique, Archimède soit sorti
tout nu en s'écriant : *J'ai trouvé!* Εὕρηκα! Toujours est-il que l'esprit du grand géomètre et
du grand mécanicien fut complétement absorbé
par les études et qu'il fut possédé du démon
de la science. Archimède, qui naquit vers l'an
467 de Rome, avait soixante-quinze ans quand
il mourut. La plupart de ses ouvrages, écrits
dans le dialecte dorien, sont parvenus à la pos-
térité. » Ceux qui sont en état de comprendre
Archimède, a dit Leibnitz, admirent moins les
découvertes des plus grands hommes modernes. » Lagrange a dit aussi qu'on devait à Archimède la mécanique de l'antiquité. On lui
doit en outre la première idée de la réfraction
astronomique, les recherches les plus curieuses
sur les équations indéterminées, une excellente
théorie de l'hydrostatique et l'invention de plu-

sieurs machines qui ont été perfectionnées par les modernes et appliquées aux arts et à l'industrie.

Trois siècles avant l'ère chrétienne, Aristarque faillit perdre la vie sous l'accusation d'outrage aux dieux pour avoir émis l'idée que la terre tournait autour du soleil. Après lui, les célèbres astronomes grecs, Ptolémée et Hipparque, les créateurs de l'astronomie scientifique dans l'antiquité, n'osèrent soutenir la théorie d'Aristarque. Comme l'anatomie, comme beaucoup d'autres sciences, l'astronomie devait subir une nuit de dix siècles avant d'être constituée définitivement par Copernic, Galilée, Képler et Newton.

LA PEINTURE

Jean Van-Eyck appartient à la famille illustre des artistes savants.

Chaque tableau qui figure aux Expositions des beaux-arts glorifie le génie de Jean Van-Eyck, l'inventeur de la peinture à l'huile.

Les travaux et les découvertes de Van-Eyck occupent plus de place dans l'histoire que les détails intimes de sa vie. A l'époque où il naquit (en 1366, dans le Limbourg, au village d'Eyck près de la petite ville de Maeseyck), on ne s'intéressait pas plus à un peintre qu'à un manœuvre.

De l'éducation de famille dépend presque toujours la destinée de l'homme. André Vésale appartenait à une famille de médecins ; Van-Eyck, à une famille d'artistes. Son père et son frère aîné Hubert étaient peintres. Renouvelant le sacrifice de Lalla de Cyzique, célèbre dans l'antiquité par ses mosaïques, et que Pline appelle la *Vierge éternelle,* sa sœur Marguerite renonça volontairement aux joies du mariage ; elle consacra sa vie à la peinture.

Dès l'enfance, Jean Van-Eyck prit le crayon. Lorsque son père mourut, Hubert se chargea de son éducation d'artiste, et remplit ce devoir avec une touchante sollicitude.

Le jeune Van-Eyck, doué d'un esprit pénétrant et réfléchi, progressa rapidement sous la tutelle d'Hubert. Il montra le goût le plus vif pour son art, et révéla bientôt d'heureuses qualités en peignant ses premiers panneaux dans la manière allemande de Guillaume de Maëstricht, qui paraît avoir été le maître ou le modèle de son père et de son frère. Facius, l'un des historiens de Jean Van-Eyck, nous apprend aussi qu'il profitait de ses instants de répit pour étudier les sciences exactes, spécialement la chimie, études qui devaient le mettre plus tard sur la voie de sa précieuse découverte.

Les frères Van-Eyck avaient une réputation bien établie à Maeseyck ; ils y vendaient facilement leurs panneaux ; mais nos peintres sentirent leur ambition croître avec leur talent ; ils voulurent s'exercer sur un plus grand théâtre, dans une ville plus importante que Maeseyck. Ils partirent pour Bruges, accompagnés de Marguerite leur sœur.

A la fin du quatorzième siècle, les Pays-Bas jouissaient, à la face de l'Europe asservie, d'immunités et de libertés qui en faisaient la contrée la plus riche du monde. Toutes les cités de la ligue anséatique florissaient. Bruges, la métropole flamande, comptait alors soixante-huit corps de métiers ; cent vaisseaux apportaient quotidiennement dans son port les produits commerciaux de différents pays. Les types les plus opposés, l'Anglais, l'Africain, le Turc, l'Allemand, se heurtaient sur les quais.

Ce fut dans une telle ville que les Van-Eyck purent étudier la vie humaine sous ses faces les plus variées. Leur début fut pénible. Grâce au dévouement de la sœur Marguerite, économe et ménagère du petit intérieur, la misère n'atteignit pas nos artistes. Ils vivaient modiquement du fruit de leurs travaux, quand l'esprit chercheur de Jean Van-Eyck découvrit un secret équivalent à une fortune.

Dans l'antiquité et au temps de Van-Eyck encore, les artistes peignaient en détrempe, c'est-à-dire qu'ils délayaient leurs couleurs avec du blanc d'œuf ou de la gomme selon leur nature ; puis ils les appliquaient sur des panneaux qui avaient reçu une impression à la colle, et ils vernissaient la toile au moyen d'une mixtion d'huile de lin et de gomme arabique. Mais cette peinture n'offrait aucune durée certaine ; les teintes étaient pâles ; l'impression de l'air, de l'eau, du soleil ternissait les nuances, les effaçait et parfois les anéantissait. Pareil accident arriva à Jean Van-Eyck lorsqu'il fit sécher au soleil un tableau fraîchement peint, d'un grand prix. Les planches se disjoignirent, et sa peinture crevassée fut perdue.

Dépité d'une telle perte, Van-Eyck résolut d'y remédier à l'avenir. Transformant son atelier en laboratoire, il appela à son secours ses connaissances en chimie. Il fit d'abord de vaines expériences ; mais enfin il trouva que les huiles siccatives de noix et de lin amalgamaient mieux la peinture que l'eau d'œuf et de gomme. Les couleurs ainsi délayées recevaient un brillant extraordinaire qui rendait inutile l'ancien usage du vernis ; en outre, elles bravaient l'action du soleil et de l'humidité. De la théorie, Jean Van-Eyck passa à l'application. Il se servit de son nouveau procédé pour peindre avec son frère Hubert plusieurs tableaux, qui, à en croire les témoignages historiques, émerveillèrent les contemporains.

Des acclamations universelles accueillirent cette importante découverte qui apportait une révolution radicale dans les arts. La couleur était créée ; brillant émule du soleil, le pinceau pouvait jeter la lumière sur la toile, éclairer les paysages, dégrader les tons, ouvrir les perspectives. C'était une résurrection. A la nature sèche et morte des vieux tableaux, Jean Van-

Eyck opposait la nature plantureuse et vivante!

Les peintres du temps ne furent pas les derniers à s'émouvoir de cette invention, d'autant mieux que quelques-uns avaient inutilement cherché jusque-là un moyen de suppléer à l'insuffisance de l'ancienne méthode, entre autres Baldovinetti et Pesello. Un moine allemand du onzième siècle, nommé Théophile, avait rédigé un traité *De omni scientia picturæ artis*, dans lequel il décrivait la préparation de l'huile de lin et celle du vernis fait avec cette huile; mais d'après l'auteur lui-même ce procédé, excellent pour peindre les murs, les boiseries, les statues, était inapplicable aux tableaux. C'est donc à tort que Raspe, Lessing et Montebert, s'étayant de ce manuscrit imprimé à Londres en 1581, essayèrent de contester à Van-Eyck la gloire de son invention. Ils n'ont apporté aucune preuve à l'appui de leur assertion, que tous les faits démentent.

Si vraiment la peinture à l'huile eût été connue avant Jean Van-Eyck, comment expliquer l'enthousiasme de ses contemporains? Se seraient-ils ainsi disputé ses tableaux, les auraient-ils achetés à peine achevés, et transportés en Allemagne, en Italie, en France? Laurent de Médicis, le duc d'Urbin, Frédéric II prirent plusieurs toiles de Van-Eyck. Des marchands florentins envoyèrent en cadeau au roi de Naples,

Alphonse Iᵉʳ, un tableau à l'huile du peintre flamand que toute l'Italie voulut voir. Un des plus illustres citoyens de la ville de Gand, l'échevin Josse Vydt, appela Van-Eyck pour lui confier la décoration de la chapelle mortuaire de sa famille, placée dans la cathédrale de Saint-Bavon..

Les frères Van-Eyck quittèrent Bruges et vinrent à Gand. Aussitôt installés, ils se mirent à l'œuvre. Ils peignirent un sujet symbolique tiré de l'Apocalypse : *le Triomphe de l'Agneau pascal*, vaste composition conçue d'une manière grandiose, et représentant sur douze volets le Père éternel, Adam et Eve, la vierge Marie, saint Jean, l'Agneau mystique, symbole du Christ, entouré de toute la chrétienté : prophètes, martyrs, papes, cardinaux, ermites, soldats du Christ, c'est-à-dire plus de 330 figures différentes. Dans le groupe des soldats du Christ, on distingue les figures historiques de Godefroi de Bouillon, Tancrède, Robert de Flandre, Charles le Bon, le duc de Bourgogne, Philippe le Bon, Josse Vydt et les frères Van-Eyck eux-mêmes.

L'Europe vint en pèlerinage à Gand pour admirer cette création magnifique terminée en 1432 par Jean Van-Eyck, qui en recueillit toute la gloire. Hubert était mort avant la fin de « cette grande épopée historique de la peinture néerlandaise, » selon la remarquable expression de M. Michiels. Son corps fut descendu dans le caveau de la chapelle qu'il avait ornée. Sa sœur Marguerite le suivit de près au tombeau. L'inscription suivante fut gravée sur les murs de l'église de Saint-Bavon :

« Hubert Van-Eyck repose enterré ici, près de sa sœur, qui étonna aussi le monde par ses peintures. »

Marguerite Van-Eyck laissa un excellent tableau représentant un Christ percé d'un coup de lance.

Quoique Hubert Van-Eyck ait été primé par son frère, il n'en fut pas moins un peintre très-distingué. Les volets supérieurs de l'*Agneau pascal* témoignent de l'habileté de sa composition et de l'expression élevée, idéale qu'il sut donner aux grandes figures du Père éternel, de la Vierge Marie et de saint Jean, fidèle en cela à l'école allemande de Guillaume.

Après la mort de son frère et de sa sœur, Jean Van-Eyck, isolé à Gand, songea à se marier. Il épousa, à l'âge de quarante ans, une Flamande fort laide, comme le constate le portrait du musée de Bruges peint par lui ; mais sans doute elle avait des qualités morales qui rachetaient ces désagréments de nature.

Philippe le Bon, un ami, un protecteur éclairé des arts, avait connu Van-Eyck dans sa jeunesse.

Estimant son caractère droit, sa vive intelligence, ses façons élégantes, il l'attira à sa cour, le nomma son conseiller privé et lui confia diverses missions artistiques. Le 19 octobre 1428, le peintre flamand s'embarqua au port de Bruges pour le Portugal; il faisait partie d'une ambassade chargée par Philippe le Bon de demander au roi Jean Ier la main de sa fille Isabelle. Van-Eyck devait reproduire les traits de l'infante. Les ambassadeurs de Philippe furent fêtés à la cour de Portugal. Dès que Van-Eyck se fut acquitté de sa mission, il envoya le portrait d'Isabelle à Philippe le Bon, puis, dégagé de tout souci, il sillonna la péninsule, admirant les figures bronzées, les types ardents, les chauds horizons, la nature éblouissante de ce pays de soleil. Au retour, Van-Eyck faillit périr en mer. On se trouvait à l'époque de l'équinoxe; une furieuse tempête assaillit l'escadre qui portait l'infante Isabelle, les ambassadeurs et d'autres courtisans. Sur quatorze vaisseaux, neuf se perdirent; les autres entrèrent dans le port de Bruges après trois mois de navigation.

Echappé à ce danger, Van-Eyck courut à Anvers, termina les derniers volets de l'*Agneau pascal*, puis il revint à Bruges où il peignit un certain nombre de portraits. Il travaillait dans la ville d'Ypres à un autel de l'église Saint-Martin, lorsque la mort le surprit la palette à la main. Transporté à Bruges, il y expira en 1445, âgé de cinquante-neuf ans. L'église Saint-Donat reçut ses dépouilles mortelles. Cet édifice n'existe plus aujourd'hui, une promenade la remplace, et les passants indifférents foulent aux pieds les cendres du célèbre Jean Van-Eyck. Voici l'épitaphe qui avait été inscrite sur son tombeau :

« Ici repose Jean, qui fut estimé pour ses ver-
« tus et pour ses talents, et dont l'art anima la
« nature. Il surpassa Phidias, Apelles, Poly-
« clète. Les Parques cruelles nous ont enlevé
« cet homme illustre. Des pleurs sont inutiles,
« c'est l'arrêt du destin. Priez pour lui ; que son
« âme soit accueillie par Dieu. »

Jean Van-Eyck n'avait pas voulu emporter les secrets de sa peinture avec lui. Il avait admis dans son atelier de Bruges quelques disciples choisis, tels que Pierre Christophsen, Rogier Van der Weyden, Hugo Van der Goës. Ses compatriotes ne furent pas les seuls à profiter de son invention : Antonello, de Messine, qui était accouru de l'Italie après avoir vu à la cour d'Alphonse Ier un tableau à l'huile peint par Van-Eyck, sut gagner ses bonnes grâces en lui faisant cadeau de nombreuses esquisses ita-liennes. Le peintre flamand associa l'étran-ger à son travail, lui dévoila tous ses secrets. Antonello demeura auprès de son maître et de son bienfaiteur jusqu'à sa mort, puis il revint en Italie pour créer la nouvelle école de peinture.

Les autres nations suivirent l'exemple de l'Italie ; chaque pays eut ses initiateurs : en Hollande, Albert Van-Ouwater et Guérard de Saint-Jean ; en Allemagne, Albert Dürer ; en France, Jean Cousin et Simon Vouët.

Hemling, Lucas de Leyde, les Breughel, Rubens, Van-Dyck, Brawer, Van-Ostade, Téniers, continuèrent la glorieuse tradition de l'école flamande qui est représentée au dix-neuvième siècle par Gallais, Weppers, Keyser, Leys, Dyckmans, Cibat, Hamon, Van-Houe, Wadorph. Ces derniers artistes, quoique doués d'un incontestable mérite, n'ont pas maintenu l'art flamand à la hauteur où l'avaient placé Rubens et Téniers.

L'école flamande est avant tout une école coloriste, naturaliste, *réaliste*, pour nous servir d'une expression fort en vogue aujourd'hui. Cependant son illustre chef ne fut pas exclusif. En peignant la perspective, les paysages, les animaux, les fleurs, les scènes de genre, les intérieurs, l'allégorie, le portrait, l'universel Jean Van-Eyck sut être tour à tour élevé et simple, créateur et observateur, naïf et réfléchi. A la fin de sa vie, il est vrai, après son voyage en Portugal, sa manière se modifia d'une manière sensible ; il abandonna tout à fait la tradition de l'école allemande pour ne se préoccuper que de la couleur et de la vérité imitative. Il fut vrai, splendide, exact comme la nature elle-même. Hemling et Lucas de Leyde, par leurs créations idéales et suaves, cherchèrent les premiers à réagir contre les tendances trop positives du maître.

Les tableaux des frères Van-Eyck eurent une destinée orageuse. Des iconoclastes impies détruisirent un certain nombre de ces toiles, principalement celles d'Hubert. La grande composition symbolique de l'église de Saint-Bavon échappa deux fois aux flammes. Philippe II chercha à se l'approprier, mais ne pouvant l'obtenir des Gantois, il la fit copier par l'excellent peintre Michel Coxie en 1558. Un autre tableau de Jean Van-Eyck, représentant deux fiancés que la fidélité unit, fut découvert au fond de la boutique d'un barbier par la princesse Marie, sœur de Charles-Quint, gouvernante des Pays-Bas. La princesse Marie acquit cette œuvre moyennant une pension annuelle de 100 florins donnée à l'heureux barbier, qui faillit devenir fou de joie. Les tableaux de Jean Van-Eyck échappés à la fureur des iconoclastes et à la nuit des temps, se trouvent à la Pinacothèque de Munich, aux musées de Gand, de Bruges, de la Haye, de Berlin. Le musée du Louvre de Paris possède deux chefs-d'œuvre du peintre flamand, une *Vierge* et les *Noces de Cana.*

Jean Van-Eyck ne fut pas seulement le créateur de la peinture à l'huile, il réforma l'art du peintre-verrier. C'est à lui que l'on doit l'emploi de l'émail dans la peinture sur verre, ainsi que l'art de creuser le verre au moyen du tour et de l'émeri pour former des dessins variés, des broderies de diverses couleurs sur le même morceau de verre.

Tels furent les travaux et les découvertes du célèbre peintre Jean Van-Eyck, qui signait ses œuvres immortelles: ALS ICH KAN, *comme je puis.* Le génie est toujours modeste.

Quelques hommes dans l'antiquité et dans le monde moderne ont été doués d'aptitudes universelles. Dante Alighieri, aussi savant que poëte, avait proclamé l'expérience comme le principe de tout progrès artistique et industriel. Avant Newton, il avait attribué à l'influence lunaire la cause du flux et du reflux; avant Linné, il avait déduit de leurs organes sexuels la classification des végétaux. Plus tard, à la fin du quinzième siècle, le célèbre peintre Léonard de Vinci fut le plus grand savant de son temps. Très-fort en hydraulique, il fertilisa la Lombardie en ouvrant la navigation de Milan ; il décrivit

avant Porta la chambre obscure ; l'architecture
la chimie, l'astronomie lui étaient familières.
Il partagea ses heures entre la science et l'art,
et on ne sait si on doit plus admirer en lui l'artiste que le savant.

LA PHOTOGRAPHIE

TALBOT, NIEPCE ET DAGUERRE.

Comme toutes les choses de ce monde, la gloire est quelque peu trompeuse. L'homme qui le premier a trouvé le secret de fixer la représentation des objets extérieurs par l'action chimique de la lumière est mort pauvre et ignoré, après avoir sacrifié son patrimoine, son bien-être et vingt années de son existence aux expériences photographiques. Tous les bénéfices de l'entreprise sont revenus à Daguerre, qui a perfectionné la méthode de Joseph Niepce et inventé l'appareil qui porte son nom, le daguerréotype.

Un grand nombre de personnes connaissent aujourd'hui les procédés de la photographie; nous ne donnerons donc qu'un résumé des opérations.

Une lame de cuivre ou de plaqué, recouverte d'argent et exposée durant quelques instants aux vapeurs subtiles de l'iode, a la propriété, lorsqu'elle est placée dans la chambre noire, de réfléchir l'image formée par la lentille de l'instrument appelé *objectif*. La lumière produit sur cette plaque ainsi préparée une action chimique qui imprime l'image présentée en décomposant l'iodure d'argent d'une manière graduée.

Par exemple, si vous placez votre instrument photographique devant une statue dont le torse est bien éclairé et les jambes dans l'ombre, les parties éclairées de la statue décomposeront sensiblement l'iodure d'argent, tandis que les parties dans l'ombre frapperont légèrement la plaque. Ainsi se forment, par le jeu du soleil sur l'objectif, les teintes et les demi-teintes, les ombres et les clairs. Pour rendre l'image visible, on expose la plaque aux vapeurs du mercure dès qu'elle est sortie de la chambre obscure; après quoi on la lave dans l'hyposulfite de soude.

Cette opération, fort simple en apparence, a coûté trois siècles de recherches à l'esprit humain. La première notion photographique est due au Napolitain Jean-Baptiste Porta, physicien du seizième siècle. Il construisit des chambres noires portatives, boîtes fermées de tous côtés et laissant passer les rayons lumineux par un petit orifice, une lentille, sorte d'œil artificiel dans lequel les objets viennent se concentrer et se réfléchir.

Porta destinait ces appareils aux personnes qui apprenaient à dessiner. Mais la chambre noire, semblable au miroir, ne gardant pas l'image fugitive, il fallait trouver un moyen de la fixer.

Suivant le rapport de François Arago à l'Académie des sciences, Fabricius reconnut, en 1566, que les sels d'argent ont la propriété de se nuancer et de se décomposer au contact de la lumière. Plus tard, Wedgwood et l'illustre chimiste Humphry Davy tentèrent de fixer les images fugitives de la chambre obscure ; mais après divers essais infructueux, ils cessèrent leurs recherches. La solution de ce problème était réservée à l'infatigable persévérance et à l'esprit chercheur de Niepce.

Joseph-Nicéphore Niepce, né à Châlon-sur-Saône en 1765, choisit la carrière militaire. A peine âgé de trente ans, une longue maladie l'obligea à quitter l'armée. Après avoir fait les campagnes d'Italie avec le grade de sous-lieutenant, il fut nommé administrateur du district de Nice ; puis il revint dans ses foyers, à Châlon, où il se consacra à l'étude des sciences exactes.

Niepce commença ses essais photographiques en 1813. Ce fut seulement en 1817 qu'il trouva le secret de fixer les images de la chambre obscure sur une lame de plaqué recouverte d'argent, enduite d'une couche de bitume et plongée dans un mélange d'huile de lavande et de pétrole. Mais cette manière de procéder présentait encore de grandes imperfections. Niepce le sentait bien: aussi ne songeait-il qu'à reproduire des gravures. L'image reportée sur la plaque était confuse, mal accusée; en outre, il fallait un temps considérable pour que le bitume de Judée se modifiât sous l'action de la lumière.

Daguerre perfectionna la méthode Niepce en substituant au bitume de Judée la distillation d'huile de lavande, plus blanche et plus sensible aux rayons solaires, en soumettant la plaque d'argent à l'évaporation de l'iode: enfin, point important, en faisant saillir l'image sur la plaque au moyen de la vapeur mercurielle.

La rencontre de Niepce et de Daguerre fut amenée d'une façon assez bizarre. Voici comment M. Niepce fils rapporte le fait dans son *Historique de la découverte improprement nommée Daguerréotype*:

« Dans les premiers jours de janvier 1826, un de nos parents, M. le colonel Niepce, appelé au commandement de l'île de Ré, fut obligé, pour affaires relatives à son service, de se rendre à Paris. A son départ pour la capitale, il se chargea d'acheter pour mon père un prisme ménisque de l'invention de MM. Vincent et

Charles Chevalier, opticiens. Ce prisme fut promis sous peu de jours. Dans la conversation qui s'établit entre M. le colonel Niepce et M. Chevalier, quelques mots furent prononcés sur la découverte de mon père. Grande fut la surprise de M. Chevalier, auquel le colonel fut contraint d'assurer que la chose existait réellement, et qu'il en était d'autant plus certain qu'il avait lui-même vu des épreuves. Le lendemain de cette communication, M. Daguerre se montra d'abord incrédule; puis, sur les détails positifs de l'opticien, il le pria instamment de lui procurer le nom et la demeure de l'auteur d'une aussi curieuse invention. M. Chevalier accéda au désir de M. Daguerre; et, quelques jours après, mon père reçut une lettre signée du directeur du Diorama. »

Comme on le voit, Daguerre s'occupait également, de son côté, du problème photographique. La nature de ses travaux le portait d'ailleurs vers cette étude. De bonne heure il avait manié la brosse dans les ateliers de peinture sous l'œil des meilleurs maîtres, et il avait exposé quelques toiles qui accusaient un véritable talent. Mais il s'illustra surtout dans l'art de la décoration théâtrale, auquel il fit faire de grands progrès. Ses magnifiques décors du *Belvédère*, du *Songe*, de *Calas*, des *Machabées*, de *la Lampe merveilleuse* amenèrent la population parisienne aux théâtres du boulevard et à l'Opéra.

Le 11 juillet 1822, Daguerre inaugura son Diorama. Il montra aux personnes qui étaient accourues avec empressement à cette fête une série de tableaux, de vues pittoresques variant d'aspects et passant alternativement du jour à la nuit. Par sa science de la décomposition des rayons lumineux, par des combinaisons nouvelles des couleurs avec la lumière, Daguerre créa des effets merveilleux. La croix d'honneur et la vogue du public le récompensèrent de ses louables efforts. Malheureusement Daguerre perdit en un moment le fruit des travaux de dix-huit années : un incendie détruisit son magnifique Diorama.

A l'époque où il rechercha les relations de Niepce, Daguerre, initié à tous les secrets de la lumière, se trouvait donc dans d'excellentes dispositions pour perfectionner l'invention photographique. En effet, dès que Niepce eut confié ses procédés au directeur du Diorama, devenu son associé, celui-ci se mit ardemment à l'œuvre, et il ne tarda pas à découvrir les perfectionnements, les procédés nouveaux que nous avons signalés.

Daguerre fut aidé dans ses essais divers, dans ses nombreuses recherches, par le modeste et savant Niepce, qui ne devait pas assister au triomphe public de son invention. Il mourut obscur à Châlon le 5 juillet 1833, âgé de soixante-trois ans.

La première communication de la découverte de Niepce perfectionnée par Daguerre, faite le 7 janvier 1839 à l'Académie des sciences par François Arago, fut saluée d'unanimes applaudissements. Sur les rapports favorables de Gay-Lussac à la chambre des pairs, d'Arago à la chambre des députés, le gouvernement accorda une pension de 6,000 fr. à Daguerre et une autre de 4,000 fr. à M. Niepce fils, afin de pouvoir livrer le secret de l'invention au public. François Arago donna connaissance des procédés photographiques dans la mémorable séance du 19 août 1839, qui fut une éclatante ovation pour Daguerre. Que Niepce n'était-il là pour recevoir sa part de couronnes !

Quelques jours après, une foule d'amateurs encombraient les boutiques des physiciens et braquaient des daguerréotypes devant toutes les maisons. C'était un engouement général. Jamais invention n'avait été accueillie avec cette chaleur. Tout le monde voulait *être peintre*. De fanatiques apprentis photographes annonçaient le discrédit prochain du dessin, de la peinture, avantageusement remplacés par le daguerréotype, par la peinture et le dessin mécanique à la vapeur ! Quelques dignes pères de famille, se montrant trop sensibles à ces folles clameurs, retirèrent des écoles leurs futurs peintres. Le vertige, comme on sait, n'eut que son heure. Le public éclairé par les artistes, fit lui-même justice de ces grossières erreurs, qui confondaient un art et une science.

En effet, au point de vue purement esthétique, il n'y a rien de commun entre la peinture et la photographie. Ce sont deux mondes opposés, séparés par toute la supériorité de la pensée sur la nature, de l'intelligence sur le fait. Le dessinateur et le peintre font œuvre de création, de composition, tandis que le photographe imite, reproduit littéralement, comme un écolier qui copierait le devoir sur le cahier de son voisin. En outre, les procédés matériels de la photographie ne peuvent soutenir la comparaison avec ceux de la peinture. Dans les images que la lumière donne, tous les détails ont la même importance : nulles proportions, nul plan, nulle perspective ; ce sont les notions les plus élémentaires de l'art.

Laissons donc la peinture aux beaux-arts et la photographie aux sciences positives auxquelles elle a rendu et rendra d'incontestables services. La photographie peut également servir d'auxiliaire utile aux beaux-arts, surtout à la gravure, par la reproduction graphique des inscriptions monumentales, de tout ce qui est nature morte ou détail archéologique. Son rôle, ainsi compris, nous paraît encore assez beau.

Des perfectionnements successifs furent apportés à la méthode Niepce et Daguerre. L'ingénieur opticien Chevalier modifia heureusement l'objectif et réduisit les proportions de l'appareil.

MM. Brébisson, Claudet, Fizeau, Edmond Becquerel, Gaudin, en découvrant des *substances accélératrices* très-sensibles à l'action de la lumière, de nouveaux modes d'action des rayons lumineux, en fixant les épreuves daguerriennes sur la plaque au moyen d'une légère couche d'or, rendirent possible la reproduction instantanée des portraits, des images animées, des objets mobiles, mouvementés.

La photographie sur papier a fait dans ces dernières années de si rapides progrès qu'elle prime maintenant le système des plaques. C'est un physicien anglais, M. Talbot, qui le premier appliqua les procédés photographiques sur papier sensible : aussi désigne-t-on généralement ce genre de photographie par le mot *talbotypie*. Après lui, M. Blanquart-Evrard, de Lille, produisit de remarquables épreuves et accrédita le procédé Talbot en France. Un neveu de Niepce, M. Niepce de Saint-Victor, imagina alors la photographie sur verre pour tirer les premières épreuves, dites négatives, destinées à servir de type au papier reproducteur.

A n'en pas douter, l'intéressante découverte de Niepce et de Daguerre subira d'autres transformations. Déjà l'on est parvenu à obtenir de bonnes épreuves daguerriennes au moyen de la galvanoplastie ; des hommes spéciaux cherchent avec ardeur le moyen de reproduire photographiquement les couleurs, et dans la voie rapide où sont lancées aujourd'hui les sciences, il y a lieu de tout espérer.

L'ASTRONOMIE

COPERNIC. — GALILÉE. — KÉPLER. — NEWTON.
LAPLACE. — HERSCHELL.

L'humanité au seizième siècle ignorait presque complétement les lois du globe pivotant sous ses pieds, aussi bien que celles des astres décrivant leurs courbes et opérant leurs évolutions sur sa tête. La terre recélait dans ses entrailles je ne sais quel enfer incandescent, et le ciel, l'espace, l'empyrée étaient la patrie des rêves séraphiques, des illusions religieuses, la région éthérée du paradis des élus contemplant la face sublime du Très-Haut.

Le soleil tournant autour de la terre, immobile sur son axe, tel était l'ordre naturel du monde physique que la Bible avait·révélé par maint épisode, notamment par celui de Josué arrêtant le soleil *au milieu de sa course*, afin de compléter sa victoire sur les Philistins. Contredire la Bible, c'était s'exposer à l'anathème et au bûcher. Cette perspective ne devait pas beaucoup tenter les astronomes et les physiciens.

Cependant Tycho-Brahé fonda l'astronomie mathématique ; puis un étudiant de l'université de Cracovie, Nicolas Copernic, osa soutenir dans ses ouvrages que le Soleil est le centre de l'univers et qu'autour de ce centre gravitent Mercure, Vénus, Mars, Jupiter, la Terre. Cette grande vérité du système planétaire, contraire au système astronomique des Hébreux et des Egyptiens, fut confirmée et développé par Galilée, qui s'illustra par les découvertes de la chute des graves ou loi de la pesanteur, de la balance hydrostatique, du compas de proportion; de la composition du télescope, de la constitution de la voie lactée, du mouvement de rotation du soleil, des générations des comètes, des quatre satellites de Jupiter, et par de nouvelles théories en dynamique.

Se trouvant dans la cathédrale de Pise, Galilée remarqua le balancement régulier d'une lampe suspendue à la voûte et fut mis ainsi sur la voie de l'isochronisme du pendule. C'est ainsi que plus tard Newton conçut la grande loi de la gravitation universelle en voyant tomber une pomme d'un arbre. L'observation, ou si l'on veut, la science expérimentale a toujours été, comme on voit, un guide sûr dans les voies nouvelles de la science.

En 1589, Galilée professait les mathématiques à l'université de Pise. Son succès éclatant ameuta contre lui un grand nombre d'ennemis. Les persécutions des péripatéticiens l'obligèrent à quitter sa chaire en 1592, mais la république de Venise lui offrit la chaire de Padoue, qu'il accepta. Sa renommée et l'admiration provoquée par ses découvertes n'ayant fait que s'accroître, l'inquisition de Rome le cita, en 1615, devant son redoutable tribunal. Les jésuites lui imputèrent à crime d'avoir détruit le ciel et la terre catholiques en immobilisant le soleil et faisant évoluer librement notre globe au sein de l'espace, d'après des lois inflexibles qui ne permettaient ni cataclysmes ni fin du monde. « J'ai appris de bon lieu, écrivait Galilée à l'un de ses amis, que les jésuites ont persuadé à un personnage influent, que mon livre est plus abominable et plus pernicieux pour l'Eglise que les écrits de Luther et de Calvin. »

Galilée fut jeté dans l'*in-pace* du couvent de la Minerve, chargé de fers, et torturé par les bourreaux de l'inquisition devant lesquels ce vieillard de soixante-dix ans parut en chemise et pieds nus. En subissant le supplice de la corde, du chevalet et du brodequin de fer, la douleur lui arracha une rétractation des grandes vérités qu'il avait publiées, mais à peine cette rétractation de l'*hérésie du mouvement de la terre* qu'avaient obtenue les éminentissimes cardinaux en lui appliquant le code infernal de l'inquisition, était-elle sortie de ses lèvres, que sa conscience éclatait et qu'il s'écriait : *E pur si muove*, et pourtant elle se meut ! Oui, Galilée, la terre se meut, malgré les inquisiteurs, et comme la terre, la vérité se meut, en dépit des obscurantistes qui avaient prétendu l'immobiliser dans le dogme ou la cacher sous le boisseau.

Galilée sortit des griffes sanglantes de l'inquisition pour être renfermé toute sa vie dans une maison d'Arcetri, avec la défense expresse de publier aucun écrit sur les sciences, sur le système planétaire. L'inquisition voulut cependant donner une occupation intellectuelle à ce grand homme ; elle lui ordonna de réciter toute l'année les sept psaumes de la pénitence. Accablé par tant de persécutions, Galilée languit quelques années encore dans sa prison d'Arcetri, n'ayant pour toute consolation au milieu de ses amertumes que l'affection d'une religieuse, sa chère fille, Maria Céleste, sa fille naturelle. Selon d'autres historiens, Galilée réconcilié avec les puissances temporelles et spirituelles, après son apostasie scientifique, aurait vécu libre et heureux à Arcetri.

Presque tous les travaux, les observations, les plans, les calculs astronomiques de Galilée furent dispersés ou détruits comme entachés d'hérésie. Mais il avait assez fait pour que sa gloire éternisât la honte de ses adversaires. Galilée avait pour maxime favorite que « la philosophie est écrite dans la nature, et que ce grand livre est écrit en caractères mathématiques. »

Galilée avait eu de son vivant un émule, Jean Képler, qui avait profité d'une partie de ses découvertes: ainsi, au moyen de la lunette inventée par Galilée, il avait aperçu les taches du soleil, et il avait reconnu que les montagnes de la lune doivent être plus grandes que celles de la terre. Jean Képler né dans le duché de Wurtemberg, le 27 décembre 1571, a fixé les lois des mouvements des astres en découvrant que toutes les planètes décrivent des ellipses autour du soleil et que le soleil occupe l'un des foyers de ces ellipses ; il rectifie la théorie des logarithmes et développe celle des éclipses de soleil. Il dédia plusieurs dissertations, notamment sa *Dioptrique*, à Galilée, qui, — empêché on ne sait pour quelle cause, ne lui répondit jamais. Après une vie laborieusement remplie, Képler mourut à Ratisbonne en 1630. Mais comme il y a rarement des solutions de continuité dans les sciences, un enfant qui devait coordonner et développer les nombreux matériaux laissés par Képler et Galilée, était né en Angleterre l'année même de la mort de Galilée, le 25 décembre 1642. Nous avons dit par quelle observation simple Newton fut amené à découvrir la gravitation universelle, cette loi des mouvements de tous les corps vers le centre de notre globe ; il formula ainsi cette loi : tous les corps s'attirent en raison directe de leur masse et en raison inverse du carré des distances. Mais là ne se bornèrent pas les services qu'il rendit à la science, car géomètre, physicien et astronome tout à la fois, il découvrit la course des comètes, la cause des marées, en expliquant les mouvements des planètes, et découvrit les propriétés de la lumière et des couleurs en décomposant les rayons solaires au moyen d'un prisme. Galilée avait démontré que les corps en tombant, obéissent à une force accélératrice ; Newton appela *centripète* la force qui attire les corps vers un point comme vers un centre commun : d'après l'une de ses définitions, la quantité de matière se mesure par sa densité combinée avec son volume, de même que la quantité de mouvement s'évalue par la vitesse unie à la quantité de matière.

L'intelligence vaste de Newton s'appliqua à toutes les connaissances humaines, à la physique et à l'astronomie, comme à la chimie et aux mathématiques. A vingt-quatre ans il eut l'idée du calcul des fluxions.

En Angleterre, Newton fut admiré et honoré ; il fut élu membre de la Société royale dont il

devint le président en 1703; avant cette époque, en 1699, l'Académie des sciences de Paris
l'avait nommé associé correspondant. Son grand
ouvrage sur les Principes de philosophie naturelle fut publié en 1683. Dans un banquet où
assistaient plusieurs savants, Newton porta un
toast aux honnêtes gens de tous les pays : «Nous
sommes tous amis, dit-il, car nous poursuivons
tous le seul véritable objet de l'ambition humaine : *la connaissance de la vérité.*

Plus Newton avançait, et plus l'océan de la
science semblait s'élargir devant son esprit
avide, c'est pourquoi il se comparait à un enfant ramassant des coquillages sur le rivage,
devant la mer immense et inexplorée. Il mourut
le 20 mars 1727, âgé de quatre-vingt-cinq ans.
On lui fit de magnifiques funérailles. Sa famille
lui éleva un riche monument et fit inscrire une
épitaphe latine dont nous traduisons la dernière phrase, comme le véritable éloge dû au
grand savant :

« Que les mortels se glorifient de ce qu'il a
existé un homme qui a fait tant d'honneur à
l'humanité. »

Le 5 mars 1827, un siècle après Newton,
mourait à Paris le marquis de Laplace, géomètre, astronome et physicien, qui avait achevé
l'édifice scientifique du grand savant anglais.
Ses travaux relatifs aux mathématiques pures,

à l'astronomie et à la physique, sont immenses ; ils embrassent les principes généraux de l'équilibre et du mouvement de la matière, leur application aux mouvements célestes ; ils éclairent et expliquent la loi de la gravitation universelle (dont Newton n'avait défini qu'une manifestation, la pesanteur), les phénomènes du flux et du reflux de la mer, de la variation des degrés et de la pesanteur à la surface terrestre, de la précession des équinoxes, de la libration de la lune, de la figure et de la rotation des anneaux de Saturne, des inégalités des planètes, Jupiter et Saturne.

Dans la seconde partie de sa *Mécanique céleste*, consacrée à la perfection des tables astronomiques, Laplace examine les perturbations du mouvement des planètes et des comètes autour du soleil, de la lune autour de la terre, des satellites autour de leurs planètes ; ces relations multipliées des planètes et des satellites de notre système solaire avaient si fort troublé l'esprit de Newton qu'elles l'avaient porté à croire que notre terre ne renfermait pas des éléments de conservation indéfinie. Laplace prouva par ses calculs que la pesanteur universelle suffit à la conservation du système solaire en le maintenant dans un état moyen sans jamais lui permettre de s'en écarter autrement que par de petites quantités, et qu'au milieu de tous ces changements, de tous ces mouvements de corps dirigés dans le même sens et dans des plans peu différents, la variété n'entraîne pas le désordre, ne trouble pas « l'harmonie de ce système, selon l'expression même de Laplace, que la nature semble avoir disposé primitivement pour une éternelle durée, par les mêmes vues qu'elle nous paraît suivre si admirablement pour la conservation des individus et la perpétuité des espèces. » Il rassura ainsi l'humanité sur les dangers de l'attraction newtonienne en établissant les lois immuables de la stabilité du monde.

Les perturbations lunaires l'amenèrent à déterminer l'invariabilité du mouvement de rotation de la terre sur son axe, à donner la mesure de notre distance au soleil et de l'aplatissement de notre planète, enfin il découvrit que l'équation séculaire de la lune est due à l'action du soleil sur ce satellite, combinée avec la variation de l'excentricité de l'orbite terrestre.

Fourier définit ainsi le génie de Laplace :

« On ne peut pas affirmer qu'il lui eût été donné de créer une science entièrement nouvelle, comme l'ont fait Archimède et Galilée ; de donner aux doctrines mathématiques des principes originaux et d'une étendue immense comme Descartes, Newton, de transporter le premier dans les cieux et d'étendre à tout l'univers la dynamique terrestre de Galilée; mais Laplace était né pour tout perfectionner, pour tout approfondir, pour reculer toutes les limites, pour résoudre ce que l'on aurait pu croire insoluble. Il aurait achevé la science du ciel, si cette science pouvait être achevée. »

Partageant la faiblesse commune à tant de savants, l'auteur de l'*Exposition du système du monde* fut très-versatile, très-souple en politique. D'abord lancé et protégé par d'Alembert, il devint républicain avec la République, bonapartiste avec l'Empire et légitimiste avec la Restauration. A cette époque il parut si réactionnaire que la vigoureuse satire de Paul-Louis Courrier le flagella sur son banc de pair. Il y eut plus de dignité, sinon plus d'indépendance, dans la vie d'un autre savant qui fut son émule, le comte Lagrange que l'empereur appelait *la haute pyramide des sciences mathématiques*. Lagrange démontra l'insuffisance des calculs de Newton relatifs aux mouvements des fluides et fonda ses nouvelles recherches sur les lois connues de la dynamique. Ayant établi la détermination du *maximum* et du *minimum* dans toutes les formules intégrales indéfinies, il déduisit de ces principes toute la mécanique des corps soit solides, soit fluides; du reste, il réduisait presque toute la physique et la mécanique à des questions de calcul. Achevant la démonstration de Laplace sur la théorie de la libration de la lune, il déduisit du principe de la gravitation universelle la cause qui fait que la lune en tournant autour de la terre lui montre toujours la même face; enfin il ramena l'attention des géomètres vers l'algèbre et détermina les vrais principes des équations numériques et algébriques, du calcul différentiel ou fluxionnel dans ses livres : le traité de la *Résolution des équations numériques,* le *Calcul des fonctions analytiques,* le *Traité des fonctions* qu'il publia lorsqu'il était encore professeur à l'Ecole polytechnique.

LA VAPEUR

ET LES

CHEMINS DE FER

HÉRON D'ALEXANDRIE. — SALOMON DE CAUS. DENIS PAPIN. — JAMES WATT. — CUGNOT. BLACKETT. — FULTON. — LIVINGSTON. — STEPHENSON. — SÉGUIN.

I. — LA VAPEUR.

La vapeur est, après l'imprimerie, la découverte qui a le plus amélioré les conditions de la vie humaine. En effet, avant que la vapeur ne fût découverte et utilisée, c'était chose sérieuse qu'un voyage de cinquante lieues. Au dix-septième siècle encore, Madame de Sévigné ne se rendait pas sans peine ni terreur de Paris à Blois, dans ces lourds carrosses qui souvent se brisaient aux cahots du chemin. On faisait alors son testament avant de se mettre en route. Le voyage en mer était encore plus effrayant. Quand la brise était contraire ou ne soufflait plus, il fallait rester en panne ou relâcher, au risque de se briser à la côte. La vapeur a supprimé à la fois la distance et le danger. En une heure, elle nous fait franchir dix lieues sur des rails; en trente-six heures, elle nous emporte à cinq cents lieues du port, domptant les vagues avec une roue, narguant les tempêtes, marchant contre vent et marée! Grâce à son action, l'homme fait aujourd'hui le tour du monde avec plus de tranquillité qu'un voyage de Paris à Blois, il y a deux siècles. La distance n'est plus qu'un être de raison, l'espace qu'une entité métaphysique dépourvue de toute réalité.

' La civilisation a enfin trouvé ses ailes de fer et remplacé supérieurement les tristes ailes de cire de l'Icare antique. Pouvant se rapprocher et se réunir sans aucune difficulté, les hommes, il faut l'espérer, s'entendront mieux dans le présent et dans l'avenir que dans le passé ; ils substitueront les raisons aux horions et aux coups de canon, dont le règne est aussi fastidieux qu'infiniment trop prolongé. « Lorsque la vapeur sera perfectionnée, a dit Chateaubriand, lorsque, unie au télégraphe et aux chemins de fer, elle aura fait disparaître les distances, ce ne seront pas les individus, ce ne seront pas seulement les marchandises qui voyageront d'un bout du globe à l'autre avec la rapidité de l'éclair, mais encore les idées. »

Tout en constatant la rapidité des progrès dans les mœurs et dans les idées que la vapeur permet d'accomplir à l'humanité, n'oublions pas qu'elle est devenue l'âme de l'industrie moderne, le moteur puissant de la mécanique, soit qu'elle communique le mouvement à une machine, soit qu'elle serve à épuiser des eaux ou à élever des fardeaux. Que d'applications encore inconnues de cette nouvelle puissance de la civilisation l'imagination n'entrevoit-elle pas! Avant dix ans, le labourage à vapeur que l'Angleterre pratique déjà sur une grande échelle, aura remplacé en Europe la charrue Dombasle, comme la locomotive à grande vitesse a remplacé la voiture. La vapeur sera le moteur unique de l'agriculture et de l'industrie.

II. — LA THÉORIE.

HÉRON D'ALEXANDRIE. — SALOMON DE CAUS.

Quoique la force de la vapeur n'ait été sérieusement comprise et utilisée que depuis un siècle, il est certain cependant que l'antiquité la connut. Les anciens avaient observé le phénomène de la *vaporisation* ; ils avaient constaté que l'eau de notre globe tend à passer à l'état gazeux en été aussi bien qu'en hiver. Dans l'éloge de James Watt, prononcé devant l'Académie de Paris en 1834, le savant Arago dit que les Grecs et les Romains n'ignoraient pas que la vapeur d'eau peut acquérir une puissance mécanique prodigieuse. Il rapporte l'anecdote d'Anthémius, architecte de Justinien, qui, ayant une habitation contiguë à celle de Zénon, son ennemi, imagina de placer dans le rez-de-chaussée de sa propre maison plusieurs chaudrons remplis d'eau. De l'ouverture pratiquée sur le couvercle de chacun de ces chaudrons partait un tube flexible qui allait s'appliquer dans le mur mitoyen, sous les poutres qui soutenaient les plafonds de la maison de Zénon. Ces plafonds dansaient comme s'il y avait eu de violents tremblements de terre, dès que le feu était allumé sous les chaudrons. Il mentionne aussi l'histoire du dieu *Busterich*, dont la tête en métal renfermait une amphore d'eau. Des tampons de bois fermaient la bouche et un autre trou situé au-dessus du front. Des charbons placés dans une cavité du crâne échauffaient graduellement le liquide. Bientôt la vapeur engendrée faisait sauter les tampons avec fracas; alors elle s'échappait en deux jets et formait un épais nuage entre le dieu et ses adorateurs interdits. C'est ainsi que fonctionnait l'idole devant des assemblées teutones.

« Le premier exemple de mouvement engendré par la vapeur, dit encore Arago, je le trouve dans un joujou, dans un éolipyle d'Héron d'Alexandrie, dont la date remonte à cent vingt ans avant notre ère. Si jamais la réaction d'un courant de vapeur devient utile dans la pratique, il faudra incontestablement en faire remonter l'idée jusqu'à Héron ; aujourd'hui l'éolipyle rotatif pouvait seulement être cité comme la gravure en bois dans l'histoire de l'imprimerie. »

Héron décrit ainsi l'effet d'un jet de vapeur vertical sur un corps léger qu'on y applique :

« Les boules dansent de cette manière : une marmite contenant de l'eau et munie d'une ouverture est soumise à l'action du feu, de l'ouverture sort un tube terminé à son extrémité supérieure par une demi-sphère creuse. Si nous jetons une petite boule légère dans la demi-sphère creuse, la vapeur qui sortira par le tube, soulèvera la petite boule qui paraîtra danser. »

La forme du vase figuré dans l'ouvrage de Héron indique une *marmite* hermétiquement fermée par un couvercle qui ne laisse échapper la vapeur produite que par un très-petit orifice. L'usage de la marmite a donc suffi pour donner à l'homme une idée de la force élastique de la vapeur d'eau. La légende historique veut aussi que la marmite munie d'un couvercle fermant à peu près hermétiquement ait révélé la propriété expansive de la vapeur à Salomon de Caus et au marquis de Worcester.

Ces deux noms nous entraînent à discuter les titres réels de notre nation à la découverte des forces de la vapeur. Les Anglais trop disputeurs, trop injustes, quand il est question d'inventions, nous ont disputé et nous disputent encore la priorité. Mais comme les dates tranchent ici tout débat, il suffira de dire que Salomon de Caus, né à Dieppe, publia son ouvrage imprimé en 1615, quarante-huit ans avant que le marquis de Worcester n'écrivît à Londres son livre *Century of inventions*, dans lequel on retrouve la bombe à demi remplie d'eau et le tuyau ascensionnel vertical de Salomon de Caus. Le travail de Salomon est intitulé : « *Les raisons des forces mouvantes, avec diverses machines, tant utiles que plaisantes, ausquelles sont adjoints plusieurs desseings de grotes et fontaines*, par Salomon de Caus, ingénieur et architecte de Son Altesse Palatine Electorale, à Francfort, en la boutique de Jean Northan, 1616. »

Dans le cours de son travail, Salomon expose clairement et simplement, que la vapeur d'eau condensée donne un volume d'eau précisément égal à celui qui a produit cette vapeur ; que la pression de la vapeur formée est assez forte pour faire jaillir l'eau non encore vaporisée en dehors du vase par l'orifice ; puis il décrit un appareil propre à faire monter l'eau au-dessus de son niveau à l'aide du feu.

Nous devons mettre en garde nos lecteurs contre les fables débitées sur la fin de Salomon de Caus, qui, suivant de faux récits, serait mort fou à Bicêtre. Salomon de Caus, né en Normandie vers la fin du seizième siècle, est mort paisiblement en 1630, après avoir été architecte-ingénieur en France, en Angleterre et dans le Palatinat.

Quoique Salomon de Caus connût la force motrice de la vapeur d'eau et ait décrit des dispositions mécaniques très-ingénieuses, cependant il ne trouva pas un appareil à vapeur fonctionnant d'une manière utile.. Plus d'un demi-siècle devait s'écouler avant que Denis Papin, notre compatriote, reprenant les idées exposées dans les *Forces mouvantes* de Salomon de Caus, inventât la première machine à vapeur à piston et à cylindre.

III. — L'APPLICATION

MACHINES A VAPEUR. — LOCOMOTION. — NAVIGA-TION. — DENIS PAPIN. — JAMES WATT. — CUGNOT. — BLANCKETT. — FULTON. —STEPHEN-SON. — SÉGUIN.

Denis Papin était un protestant français, né à Blois, qui, dès avant la révocation de l'Edit de Nantes, avait vécu en divers pays étrangers. Comme son père, il embrassa la carrière médicale et prit le titre de docteur en médecine. Mais son génie l'entraîna bientôt vers les sciences exactes. Il fit d'abord des expériences sur les substances végétales alimentaires, puis, le 26 janvier 1681, il présenta à la *Société royale de Londres* la première édition du livre où il décrit sa marmite et la soupape de sûreté, publié en anglais sous le titre : *New Digester*. C'était une nouvelle manière de produire à peu de frais des forces mouvantes extrêmement grandes. Dans le même temps, Papin ayant quitté l'Angleterre, écrivit d'Anvers au docteur Croune pour le prier de remettre à la Société la machine à amollir les os qu'il avait laissée à Londres, et à la fin de la première édition de la *Manière d'amollir les os*, il est dit que Papin, qualifié de docte médecin, Français de naissance et expérimenté philosophe cosmopolite, venait, en 1682, de passer à Paris, se rendant à Venise, où il avait été appelé par l'Académie, nouvellement établie, pour perfectionner les arts et les sciences.

Revenu en Angleterre en 1684, Papin fit, aux frais de la Société royale, plusieurs expériences dont il rendait compte lui-même à chaque séance.

En 1699, nous retrouvons Papin dans la principauté de Hesse ; il occupait à Marbourg une chaire de mathématiques. Le 4 mars 1699, il était nommé correspondant de l'Académie des sciences à Paris. Les dernières années de Papin s'écoulèrent dans l'oubli et dans l'indigence. Il mourut en 1708.

Denis Papin imagina le premier de faire intervenir le jeu d'un piston dans la machine à vapeur. Il découvrit que l'eau, étant changée en vapeur par le feu, jouit de la propriété de faire ressort comme l'air, et que l'action de la force élastique de la vapeur pouvait être combinée, dans une même machine à feu, avec la propriété dont cette vapeur jouit. Comprenant toute la portée du moteur universel qu'il avait imaginé, il indiqua explicitement la navigation à vapeur.

L'idée première de Papin avait été d'appliquer

sa machine à l'épuisement des eaux ; cependant la seule machine d'épuisement qui ait rendu de véritables services est celle connue sous le nom de *Machine de Newcomens* ou de *Machine atmosphérique*, parce qu'elle met en jeu la pression de l'atmosphère. Cette invention, due à Cawley, amena James Watt à découvrir la machine à vapeur qui a rendu son nom célèbre. En effet, c'est en réparant un petit modèle de la machine à vapeur de Newcomens que Watt songea à améliorer et à réformer le système de la machine. Bientôt ses recherches ayant été couronnées de succès, il ajouta à l'ancien dispositif de la machine un vase totalement distinct du cylindre et ne communiquant avec lui qu'à l'aide d'un tube étroit armé d'un robinet. Ce vase, appelé aujourd'hui *condenseur*, est la principale des inventions de Watt. « Il est peu d'inventions, grandes et petites, parmi celles dont les machines actuelles offrent l'admirable réunion, qui ne soient le développement d'une des premières idées de Watt, » a dit Arago.

Outre le perfectionnement de la machine à vapeur, nous devons mettre au compte de James Watt l'invention de la presse à copier les lettres, le chauffage à la vapeur et sa participation à la découverte de la composition de l'eau. Watt devint membre de la Société royale d'Edimbourg, en 1784 ; en 1785, membre de la Société royale de Londres ; en 1808, correspondant de l'Institut de France, et, en 1814, membre associé étranger de l'Académie des sciences. Plusieurs statues de James Watt ont été élevées en Angleterre ; mais le monument le plus durable, le plus curieux pour la mémoire de l'illustre inventeur anglais est, à notre avis, son *Eloge historique* lu par Arago dans la séance publique de l'Académie des sciences, le 8 décembre 1834.

En 1784, Watt prit une patente en Angleterre pour l'application de la machine à vapeur aux voitures ordinaires. Cependant des essais sérieux de l'application de la vapeur à la locomotion avaient déjà été faits en France par Nicolas-Joseph Cugnot, qui, vers l'année 1765, avait construit une petite machine, un *cabriol*, mû par le feu et par la vapeur d'eau. Le duc de Choiseul, ministre de la guerre, se chargea de faire construire une machine plus puissante et mieux proportionnée sur les mêmes principes. Cette machine fut exécutée à l'Arsenal et éprouvée. « La trop grande violence de ses mouvements, dit un rapporteur du temps, ne permettait pas de la diriger, et, dès la première épreuve, elle démolit un pan de mur qui se trouvait sur son derrière et fut renversé. »

Le duc de Choiseul ayant été exilé, on cessa de s'occuper de l'invention de Cugnot, qui reçut cependant du gouvernement une pension de 600 livres.

Vint la Révolution. Le ministre Roland donna un avis favorable sur le nouveau mode de locomotion de Cugnot, et proposa, après en avoir fait l'éloge, qu'il fût soumis de nouveau à l'examen d'une réunion d'hommes compétents. La proposition du citoyen Roland n'eut pas de suite, et nous ne voyons reparaître la machine Cugnot qu'en 1798. Voici la note qui se trouve sur le registre des procès-verbaux de l'Institut de l'an VI :

« Les citoyens Coulomb, Percier, Bonaparte et Prony sont chargés de faire un rapport sur la machine du citoyen Cugnot, qui présente en même temps des vues sur le meilleur moyen d'appliquer l'action de la vapeur au transport des fardeaux. »

Le 27 juillet 1799, le citoyen Molard, directeur du Conservatoire des Arts-et-Métiers, écrivait au ministre de l'intérieur pour le prier d'inviter le ministre de la guerre à faire transporter la machine Cugnot de l'Arsenal au Conservatoire, comme modèle aux artistes.

En effet, l'année suivante la machine fut enterrée dans une des salles du Conservatoire, où on peut encore la voir aujourd'hui.

A la suite d'un rapport favorable fait par une commission de l'Institut, Cugnot reçut de Bonaparte, premier consul, une pension de 1,000 livres. La France est le pays des pensions et des fonctions, mais non celui des réalisations. N'aurait-il pas été plus rationnel de faire marcher la machine Cugnot, que de donner la triste fiche de consolation de mille livres par an à l'inventeur, qui mourut sans avoir vu fonctionner sa machine ? Cependant les Américains et les Anglais, plus vifs et plus intelligents que nous dans la pratique des choses, mirent à profit les idées de Cugnot. En 1804, année de la mort de Cugnot, les locomotives commençaïent à marcher sur les chemins de fer des mines de Newcastle.

Blenkisop construisit, en 1811, pour les chemins de fer de Middleton à Leeds, des machines locomotives dans lesquelles les roues n'avaient pas d'autre fonction que de supporter l'appareil. A son tour, Blackett démontra, en 1822, que le frottement ou l'adhérence des roues sur le rail donnait un point d'appui suffisant pour mettre en mouvement la locomotive avec une charge raisonnable. Cependant on partait de ce principe qui est devenu la base du système actuel de la locomotion. Blackett n'avait pourtant construit qu'une machine fort imparfaite, déraillant et s'arrêtant souvent. Il appartenait à un simple ouvrier mineur, à George Stephenson, de faire sortir la locomotion de son enfance, d'établir la première machine dont on pût

réellement tirer parti. Aidé par lord Ravens-
worth, Stephenson trouva le moyen de remédier aux deux défauts capitaux des anciennes
machines : le manque d'adhérence et de puissance. En rétrécissant l'orifice d'échappement
de la machine, il augmenta le tirage par le jet
de vapeur, et doubla ainsi du premier coup la
production de vapeur. Il obtint l'adhérence en
accouplant les quatre roues de la machine au
moyen d'une chaîne sans fin enroulée sur deux
roues dentées portées par le milieu de chaque
essieu.

Après une vive polémique, une enquête faite
par le parlement anglais a établi que George
Stephenson est le véritable inventeur de la
lampe, dite lampe Davy, invention aussi importante que le perfectionnement de la locomotive
par le jet de vapeur et l'adhérence, car chaque
année, en Europe, des milliers de mineurs mou-
raient victimes des explosions de gaz, tandis
qu'avec la *lampe de sûreté* ils n'ont plus rien à
craindre du *grisou*.

Le meilleur biographe de Stephenson, M. Per-
donnet, admet la possibilité que le célèbre chimiste Davy eût découvert la lampe de sûreté
des mineurs en même temps que Stephenson.
Dans un banquet qui lui fut offert par la ville
de Newcastle, Stephenson raconta qu'il avait
été victime lui-même, par l'insuffisance de son

instruction, de ces déconvenues d'inventeurs trouvant une chose inventée avant eux. « Après une journée laborieuse, disait-il, je passais une partie des nuits à raccommoder les montres de mes voisins, afin de pouvoir donner à mon fils l'éducation qui m'avait fait défaut. J'ai cherché surtout à lui éviter ce travail stérile auquel je me suis livré dans ma jeunesse, lorsque je cherchais le mouvement perpétuel, et lorsque j'inventais ce que d'autres avaient inventé avant moi. »

Ce digne père a été récompensé de ses sacrifices. Son fils, le premier ingénieur de l'Angleterre, siége au parlement.

Après avoir construit le chemin de fer de Liverpool à Manchester, George Stephenson se retira à la campagne, à Tapton, où il mourut dans sa soixante-septième année. La ville de Liverpool a élevé une statue à George Stephenson.

Un neveu de Montgolfier, l'inventeur des ballons, est l'inventeur de la locomotive à grande vitesse et des ponts en fil de fer.

Marc Séguin se distingua en 1820 dans la carrière des constructions civiles en construisant le pont suspendu en fil de fer de Tournon, qui ne coûta que 200,000 fr., tandis qu'un pont en pierre eût coûté 600,000 fr. Il devait ces magnifiques résultats, qui étonnèrent tous les ingénieurs de la France, à ses expériences sur la résistance du fer employé sous différentes formes. Un grand nombre de ponts en fil de fer, en y comprenant celui que les Américains ont jeté l'année dernière pour le passage d'un chemin de fer sur le Niagara, ont été construits d'après les procédés de Séguin.

Ce fut en 1825 que Marc Séguin obtint avec son frère la concession du chemin de fer de Saint-Etienne à Lyon, sur lequel il fit l'application de la *chaudière tubulaire* à la locomotion. L'expérience réussit parfaitement ; les chaudières tubulaires, produisant plus de vapeur que les anciennes machines et donnant sans danger la grande vitesse, furent appliquées à toutes les machines locomotives. Non-seulement la chaudière tubulaire a fait la fortune des chemins de fer, mais elle est encore employée sur une grande échelle dans les machines de bateaux à vapeur dont nous avons à relater l'historique.

Le marquis de Jouffroy est le premier qui ait construit un bateau à vapeur de grande dimension, en 1782, à Lyon. La communication du mouvement au bateau, tout à fait conforme à celle que Papin avait indiquée, était due à l'action d'une double crémaillère à crochets. Le marquis de Jouffroy réussit à remonter pendant un quart-d'heure le courant de la Saône. Mais le ministre Calonne, qui avait été sollicité de donner un privilége de quinze ans, refusa, en alléguant que l'épreuve faite à Lyon n'avait pas été décisive et ne remplissait pas les conditions requises.

En 1798 se trouvait à Paris un Américain qui avait fait de pressantes et inutiles instances auprès du gouvernement français pour l'adoption de divers projets de bateaux sous-marins, et son but n'était rien moins que la destruction des forces maritimes de l'Angleterre. Robert Fulton serait probablement mort ignoré et misérable, s'il n'avait rencontré un homme d'esprit et d'initiative, le représentant de sa nation, M. Livingston, qui l'encouragea et l'aida à construire un bateau à vapeur sur la Seine. Malheureusement, le bateau, trop faible pour supporter le poids et l'action de la machine, se rompit au centre et coula. Ce que voyant, Robert Fulton se livra à tous les mouvements de désespoir de l'inventeur déçu. Mais le bon génie de Fulton, le généreux et courageux Livingston, le releva de son abattement. Un second bateau fut éprouvé à la fin de l'année 1803, en présence de plusieurs membres de l'Institut et d'une foule curieuse. Cette fois, l'expérience réussit à merveille. La navigation à vapeur était trouvée!

Fier à juste titre des succès de son invention, Fulton proposa au gouvernement français, en hostilité avec l'Angleterre, d'employer des bâtiments à vapeur pour traverser la Manche contre vent et marée, et de descendre à coup sûr en Angleterre. Mais Bonaparte, qui avait pourtant secouru Fulton de sommes d'argent, n'accueillit pas sa proposition.

Les membres de l'Institut, ne comprirent rien ou ne voulurent rien comprendre à l'invention de Fulton qualifiée par eux d'*idée folle*, d'*absurde*, d'*erreur grossière*. Ils lui refusèrent formellement leur sanction. Ce trait d'aveuglement systématique est certes la plus éclatante critique de la science officielle. Repoussé par l'Institut, Robert Fulton, toujours encouragé par Livingston, retourna aux Etats-Unis, où il obtint la prolongation du brevet de son protecteur. Il construisit à New-York, en 1807, un bateau à vapeur pourvu de la machine de Watt, qui avait été expédiée d'Angleterre, et cette même année, il accomplit heureusement une navigation de 240 kilomètres, de New-York à Albany, avec deux Français, les seuls qui eussent osé l'accompagner dans ce périlleux voyage maritime à la vapeur.

Fulton, de retour à New-York, pria un de ses compagnons de voyage d'annoncer le succès complet de son entreprise à Carnot qui, contre l'avis du ministre de la marine Decrès, l'avait encouragé en lui disant :

« Si j'avais encore l'honneur d'être ministre

de la guerre, je n'hésiterais pas un instant à vous donner les moyens de faire cet essai, dont l'entière réussite est indubitable, car je comprends tous les moyens d'action, et j'en entrevois les immenses résultats pour l'avenir. »

Ainsi, par l'opposition aveugle d'un ministre de la marine et des membres de l'Institut, la France perdait l'honneur et l'avantage de donner naissance à la navigation à vapeur ; elle repoussait Fulton comme elle avait neutralisé et découragé Cugnot, de sorte qu'elle laissa réaliser deux des plus belles inventions modernes, la navigation et la locomotion à vapeur, par l'Amérique et l'Angleterre.

Il semble vraiment que notre pays se cantonne systématiquement dans la routine, le préjugé, l'antiquaille, dans le dédain de toute innovation. Toutes les fois qu'une grande idée industrielle est conçue chez lui, c'est à l'étranger qu'elle est obligée de chercher un refuge et de demander des lettres de naturalisation. Pour les Prométhées de l'innovation, nous n'avons que le rocher et les vautours !

IV

STATISTIQUE DES CHEMINS DE FER.
LES ACCIDENTS.

Le tableau comparatif du développement des chemins de fer en France, en Angleterre et aux Etats-Unis, donne les résultats suivants :

	Longueur exploitée.	Par million d'habitants.
France.	9,076 kilom.	255 kilom.
Angleterre	10,220	570
Etats-Unis	41,900	1,800

Les réseaux concédés en cours d'exécution et supposés terminés donneront les proportions suivantes :

	Longueur exploitée.	Par million d'habitants.
France	16,350 kilom..	460 kilom..
Angleterre	15,330	856
Etats-Unis	58,000	2,500

La dépense faite en France pour la construction des chemins terminés s'élève à plus de trois milliards ; lorsque tout le réseau concédé sera terminé, elle s'élèvera à près de sept milliards.

« Les salaires sur cette dépense de 3 milliards 1/2 environ sont de 91 pour 100, soit de 3 milliards 200,000 fr. en vingt-deux ans, soit par an 145,000,000 fr. Le produit brut annuel de l'exploitation est de 387 millions et la dépense en salaires à prélever sur ce produit brut est de 180 millions.

Ne sont pas comptés dans les salaires qui sont un accroissement de richesse nationale, les salaires indirects qu'entraînent les chemins de fer, tels que les constructions, les usines particulières qui se sont créées par suite de l'établissement du chemin de fer.

La surface occupée par les chemins du globe construits sera de 2,956,572 kilomètres, environ la dix-huitième partie du territoire français.

Le capital engagé dans les chemins de fer construits depuis trente années sur la surface du globe dépasse *vingt milliards*. Lorsque tous les réseaux concédés seront terminés le capital engagé aura été de *quarante milliards*.

Dans le monde entier le travail des locomotives est de 4,150,000 chevaux de vapeur.

Le parcours annuel de toutes les machines du globe équivaut à 884,790,000 kilomètres, soit 22,119 fois le tour du globe, et il sera dans quelques années de 2,293,145,000 kilomètres, soit 57,329 fois le tour du globe, égal à 6,822 fois la distance de la terre à la lune, et à 15 fois celle de la terre au soleil.

En 1855, 110 millions de voyageurs ont parcouru chacun, en moyenne, dix-neuf kilomètres. R. Stephenson fait, à cet égard, le calcul suivant : Le temps nécessaire pour ce trajet de dix-neuf kilomètres sur un chemin de fer est d'environ une demi-heure. Sur les routes ordinaires, il était de une heure et demie; chaque voyageur, par la substitution du chemin de fer aux routes, a donc gagné une heure, et 110 millions de voyageurs 110 millions d'heures, égales à 13,740,000 journées de huit heures. La journée d'homme étant payée en moyenne 3 schellings (3 fr. 75 c.), la somme dont l'Angleterre a bénéficié chaque année sur le travail de la population qui voyage est de 13,750,000 $\times$ 3 schellings, ou de 2 millions de livres sterling. (50 millions de fr.). Les mêmes calculs faits pour la France donnent 45 millions, qui doivent être ajoutés aux ressources créées par les chemins de fer.

Les chemins de fer sont de toutes les voies de communication la moins dangereuse. La vie des voyageurs était plus fréquemment et plus sérieusement menacée dans les diligences et sur les bateaux.

Depuis l'origine des chemins de fer on compte en France un mort sur 1,950,000 voyageurs, tandis que par les messageries il y a eu en dix années, en France, un mort sur 355,000 voyageurs. Dans la navigation, de 1852 à 1856, 1,500 navires sur 30,000 et vingt individus sur cent voyageurs ont péri.

On voit par ces chiffres éloquents que le chemin de fer offre infiniment plus de sécurité pour le voyage que la navigation et que les diligences. Le chemin de fer prévient les accidents par l'emploi de la télégraphie électrique, en attendant que l'usage de nouveaux freins les rende tout à fait impossibles.

TABLE DES MATIÈRES

Paris. — Typ. de Ch. Meyrueis, rue Cujas, 13.

ŒUVRES DE A. DE LAMARTINE

NOUVELLE ET TRÈS-JOLIE ÉDITION

REVUE ET AUGMENTÉE DE NOTES ET COMMENTAIRES

In-18 format anglais, à 3 fr. 50 c. le volume.

Chaque volume se vend séparément.

Méditations poétiques. 1 vol.
Nouvelles Méditations. 1 vol.
Harmonies poétiques. 1 vol.
Recueillements poétiques. 1 vol
Jocelyn. 1 vol.
Chute d'un Ange. 1 vol.
Voyage en Orient. 2 vol.
Lectures pour tous. 1 vol.

Graziella. 1 vol. in-18 jésus. . . . . 1 fr.
Raphaël. 1 vol. in-18 jésus . . . . 1 fr.
Les Confidences. 1 vol. in-18 jésus . . . . 2 fr.
Nouvelles Confidences. 1 vol. in-18 jésus. 1 fr. 50

Histoire des Girondins, par A. de Lamartine.
6 vol. in-18 jésus. . . . . 21 fr.
Histoire de la Restauration, par le même.
8 vol. in-18 jésus. . . . . 16 fr.

LA PROVINCE

CE QU'ELLE EST, CE QU'ELLE DOIT ÊTRE
PAR ÉLIAS REGNAULT
Un beau volume in-8 . . . . 3 fr. 50 c.

LE SECRET DU PEUPLE DE PARIS

PAR A. CORBON
1 vol. in-8, 5 fr. — 1 vol. in-18 jésus, 3 fr. 50

LES
MISÉRABLES

PAR

VICTOR HUGO

Dix beaux volumes imprimés avec luxe dans l'élégant format in-18, sur papier jésus vélin glacé et satiné.

Chaque volume se vend séparément 3 fr. 50

Chaque partie se compose de deux volumes.

Le même ouvrage, dix beaux volumes in-8. Prix de chaque volume : 6 fr.

AUGUSTE VACQUERIE

LES MIETTES DE L'HISTOIRE

DEUX NOUVELLES ÉDITIONS

4ᵉ édit. 1 v. in-8 carré. 6 fr. | 3ᵉ édit. 1 v. in-18 jésus. 3 f. 50

PROFILS & GRIMACES

5ᵉ ÉDITION, SEULE COMPLÈTE

Un beau vol. in-8 vélin. 6 fr. | 6ᵉ édit. 1 vol. in-18. 3 fr. 50

LE FILS, comédie en 4 actes. 1 beau vol. in-8 caval. 4 fr.
JEAN BAUDRY, comédie. In-8, 4 fr. — In-18, 2 fr.

HISTOIRE DE DIX ANS

(1830-1840), par Louis Blanc. 10e édition, illustrée de 25 magn. grav. sur acier. 5 vol. in-8 carré vélin.   20 fr.

HISTOIRE DE HUIT ANS

(1840-1848), par Élias Regnault. Édition illustrée de 14 magn. grav. et portr. 3 vol. in-8 carré vélin.   12 fr.

Ces deux ouvrages réunis comprennent l'*Histoire de la Révolution de* 1830 *et du règne de Louis-Philippe Ier jusqu'à la Révolution de* 1848. 8 vol.   32 fr.

MÉMOIRES SUR CARNOT

Par son Fils, ornés du portrait de Carnot. 4 parties. In-8.   14 fr.

L'HISTOIRE A L'AUDIENCE

Esquisses contemporaines, procès Teste, Praslin et Beauvallon, par M. Oscar Pinard, conseiller à la Cour impériale de Paris. 1 fort vol. in-8.   3 fr. 50

LE BARREAU AU XIXe SIÈCLE

Par *le même.* 2e édition. 2 vol. in-8.   7 fr.

LA NORMANDIE INCONNUE

Par François-Victor Hugo. 1 vol. in-8.   3 fr. 50

AVENTURES DE GUERRE

Au temps de la République et du Consulat, par A. Moreau de Jonnès, de l'Institut. 2 vol. in-8.   7 fr.

L'ITALIE

Causes de sa chute et de sa renaissance, par Arnaud (de l'Ariége). 2 vol. in-8.   7 fr.

ORIGINES DE LA DÉMOCRATIE

La France au moyen âge, par F. Morin. 3e édition. 1 vol. in-8.   3 fr. 50

Le même. 4e édition. 1 vol. in-18.   3 fr.

www.ingramcontent.com/pod-product-compliance
Ingram Content Group UK Ltd.
Pitfield, Milton Keynes, MK11 3LW, UK
UKHW022221120726
13694UKWH00002B/635